Lev B. Okun

Elementarteilchen von α bis Z

Lev Borisovič Okun

Elementarteilchen von α bis Z

Eine anschauliche Einführung

Mit 61 Abbildungen

Akademie-Verlag Berlin

Übersetzung aus dem Russischen
und Bearbeitung der deutschen Ausgabe:
Dr. *Bodo Geyer*
Karl-Marx-Universität Leipzig

Verfasser:
Prof. Dr. *Lev Borisovič Okun*
Institut für theoretische und experimentelle Physik (ITEP),
Moskau

Titel der Originalausgabe:
Лев Борисович Окунь,
αβγ ... Z. Элементарное введение в физику
елементарных частиц

ISBN 3-05-500336-5

Erschienen im Akademie-Verlag Berlin,
DDR-1086 Berlin, Leipziger Straße 3—4

Lizenznummer: 202 · 100/433/87
Printed in the German Democratic Republic
Gesamtherstellung: VEB Druckhaus „Maxim Gorki", 7400 Altenburg
Lektor: Heike Höpcke
Einbandgestaltung: Martina Bubner
LSV 1179
Bestellnummer: 763 722 8 (9084)
01480

Inhaltsverzeichnis

Vorwort zur deutschen Ausgabe

Die Bedeutung der Elementarteilchenphysik für unser Verständnis von der uns umgebenden Welt und, unmittelbar damit verknüpft, für unsere künftigen technischen Möglichkeiten kann man wohl kaum treffender charakterisieren als dies L. B. Okun im letzten Abschnitt des vorliegenden Buches getan hat. Dem Autor, der selbst Wesentliches zu dieser grundlegenden Disziplin der Naturwissenschaft beigetragen und seine glänzende Didaktik schon des öfteren in ihren Dienst gestellt hat, gelang es hier, unter Beschränkung auf die wesentlichen Aspekte, mit sicherer Feder ein allgemeinverständliches Bild vom gegenwärtigen Stand der Hochenergiephysik, ihren unabdingbaren Voraussetzungen und ihren möglichen Perspektiven zu skizzieren.

Von experimenteller Seite hat dieses Bild bisher keine neuen Züge erhalten: Die Grundvorstellungen haben sich konsolidiert, aber die Bestätigung prognostizierter Teilchen oder neuer Eigenschaften schon bekannter Teilchen blieb vorerst aus. Dagegen haben die Vorstellungen zur Supervereinheitlichung Ende 1984 mit einem unerwarteten Durchbruch in der mathematisch konsistenten Behandlung der Theorie der Superstrings einen gewiß langanhaltenden Impuls bekommen. Mit dieser Theorie treten uns tatsächlich neuartige Prinzipien entgegen, die noch ihrer vollständigen Freilegung harren.

Die moderne Physik kann sich auch künftig ihres Reizes gewiß sein: Das Eindringen in die Geheimnisse der Natur und das Erkennen ihrer Gesetzmäßigkeiten ist eine Herausforderung an die Neugier und die Schöpferkraft des Menschen, der er sich immer wieder stellen muß — und stellen wird. Die ersten Schritte hierbei erleichtern zu helfen, ist eine der Aufgaben dieses Buches aus der renommierten sowjetischen Serie „Kleine Bibliothek «Quant»". Auch seine deutsche Ausgabe wird ihre begeisterungsfähigen Leser, und das nicht allein unter der Jugend, finden.

Leipzig, im Mai 1986 Der Herausgeber

Dem Andenken
Isaak Jakovlevič Pomerančuks
gewidmet

Vorwort zur russischen Ausgabe

Dieses Buch ist der Physik der Elementarteilchen und jener fundamentalen Kräfte gewidmet, die zwischen ihnen wirken.

Zunächst einige Worte über den Titel des Buches.

Die heutigen Untersuchungen fundamentaler Kräfte nahmen ihren Anfang im Jahre 1896 mit der Entdeckung der Radioaktivität und dem darauf folgenden Studium der α-, β- und γ-Strahlen. Den Abschluß einer ausgedehnten Forschungsperiode bildete die langerwartete und doch nicht weniger sensationelle Entdeckung der W- und Z-Bosonen im Jahre 1983. Von daher rührt die Bezeichnung des Buches: αβγ ... Z. Das Buch handelt aber nicht von der Geschichte der Physik, sondern von ihrem gegenwärtigen Zustand und ihren Perspektiven. Die Entdeckung der W- und Z-Bosonen ist unbestreitbar gleichzeitig auch der Beginn einer neuen, vielversprechenden Etappe. Die Physik ist schließlich kein Alphabet, und mit dem Nachweis des Z-Bosons ist ihre Entwicklung nicht beendet. In einem bestimmten Sinn weist die Bezeichnung αβγ ... Z darauf hin, daß dieses Buch den Charakter einer Fibel hat, die in die Anfangsgründe der heutigen fundamentalen Physik einführt.

Diesem Buch lagen verschiedene populärwissenschaftliche Vorträge zugrunde, die ich von Zeit zu Zeit vor einem Personenkreis gehalten hatte, der von der Elementarteilchenphysik, und bisweilen von der Physik schlechthin, weit entfernt war. Der letzte dieser Vorträge fand im Sommer 1983, kurz nach der Entdeckung des Z-Bosons, statt. Beim Überdenken der in den Vorträgen aufgetretenen Fragen entwarf ich den Plan dieses Buches.

Ich bemühte mich, dieses Buch so zu schreiben, daß ein Leser, der eine Mittelschule besuchte und ein lebhaftes Interesse an der Physik hat, in der Lage ist, es zu verstehen.

Die größte Gefahr, der ich auf jeder Seite des Buches gegenüberstand, war der unwillkürliche Wunsch, dem Leser nicht nur das Wesentliche, sondern auch verschiedene zweitrangige Details mitzuteilen, die dem Kenner zwar Vergnügen bereiten, den Anfänger jedoch verwirren würden. Ich befürchte, daß ich den Text an einigen Stellen nicht genügend „ausjätete“ und an anderen Stellen des Guten zu viel tat.

Es war mir selbst interessant, die wichtigsten Erkenntnisse auszuwählen, und die weniger wesentlichen konsequent beiseite zu schieben. Anfangs glaubte ich, man könne sich auf ein Minimum an Termini und Begriffen einschränken. Im Verlaufe der Fertigstellung des Buches wurde immer offenkundiger, daß man ohne bestimmte Begriffe — von denen ich angenommen hatte, sie nicht zu benötigen — das Wesen dieser oder jener Erscheinung unmöglich erklären kann; das Buch wird daher gegen Ende doch etwas komplizierter. Tatsächlich besteht eine der Grundschwierigkeiten beim Eindringen in einen neuen Wissenschaftszweig in der Fülle neuer Termini. Nach diesem Vorwort fügte ich daher, dem Leser als Hilfe, einen „Spickzettel“ ein, der die Grundbegriffe der Elementarteilchenphysik zusammenstellt.

Die Physik der Elementarteilchen wird häufig als Hochenergiephysik bezeichnet. Die von der Hochenergiephysik untersuchten Prozesse erscheinen auf den ersten Blick zumeist recht ungewöhnlich, und ihre exotischen Eigenschaften verblüffen unsere Phantasie. Wenn man sich allerdings genauer in sie hineindenkt, dann wird klar, daß sich diese Prozesse in vieler Hinsicht von unseren alltäglichen Erscheinungen, etwa dem Verbrennen von Holz, gar nicht qualitativ, sondern nur quantitativ unterscheiden: Der Energieumsatz ist einfach größer. Ich beginne daher dieses Buch mit sehr einfachen Dingen, z. B. mit einer kurzen Erörterung scheinbar so gut bekannter Begriffe wie Masse, Energie und Impuls. Ihr korrekter Gebrauch ermöglicht es dem Leser, auch die nachfolgenden Seiten des Buches zu verstehen.

Ein wesentlicher Begriff der modernen Physik ist der Begriff des Feldes. Ich beginne seine Erklärung mit wohlbekannten Schulbeispielen und mache den Leser schrittweise mit dem Reichtum erstaunlicher Eigenschaften vertraut, der den Quantenfeldern zukommt. Ich bemühte mich stets, das einfach zu erklären, was man mehr oder weniger einfach erklären kann. Man muß aber nachdrücklich unterstreichen, daß bei weitem nicht alles in der modernen Physik einfach erklärt werden kann und daß für das Verständnis zahlreicher Probleme eine weitergehende und vertiefende Arbeit des Lesers, etwa mit Hilfe anderer, komplizierterer Bücher, unumgänglich ist.

Einen vorläufigen Text dieses Buches hatte ich im Oktober 1983 abgeschlossen. Ihn lasen L. G. Aslamov, Ja. B. Zeldovič, B. I. Kisin, A. V. Kogan, V. I. Kogan, A. B. Migdal, B. L. Okun und Ja. A. Smorodinskij. Sie gaben mir zahlreiche nützliche Hinweise, die es mir erlaubten, den Text zu vereinfachen, eine Reihe relativ komplizierter Stellen auszusondern und eine Reihe anderer Stellen ausführlicher zu gestalten. Dafür spreche ich ihnen meinen tiefempfundenen Dank aus. Ich danke auch E. G. Guljajeva und I. A. Terechova für ihre Hilfe bei der Vorbereitung des Manuskripts. Ich hatte ferner Carlo Rubbia um die Erlaubnis zur Reproduktion der Skizzen jener Anlagen gebeten, mit deren Hilfe die intermediären Bosonen entdeckt worden waren.

Mit besonderer Herzlichkeit und Dankbarkeit möchte ich hier meines akademischen Lehrers, Isaak Jakovlevič Pomerančuks, gedenken, der mich in die Welt der Elementarteilchen einführte und mich meinen Beruf lehrte. I. Ja. Pomerančuk war nur ein kurzes Leben vergönnt (1913—1966), sein Lebenswerk ist jedoch ungewöhnlich umfangreich und vielseitig. Seine Arbeiten spielten eine fundamentale Rolle in mehreren Zweigen der Physik: in der Theorie der Dielektrika und der Metalle, in der Theorie der Quantenflüssigkeiten, in der Beschleunigertheorie, in der Theorie der Kernreaktoren und in der Theorie der Elementarteilchen. Seine Erscheinung war die eines Menschen, der leidenschaftlich und uneigennützig der Wissenschaft ergeben war, eines Menschen, der unermüdlich arbeitete, mit lebhaftem Interesse für alles Neue, unbestechlich kritisch und selbstkritisch, und der von ganzer Seele auch über fremde Erfolge erfreut war. Dieses Bild lebt im Gedenken aller weiter, die ihn kannten. Dem unvergänglichen Andenken Isaak Jakovlevič Pomerančuks widme ich dieses Buch.

Moskau, im September 1984

LEV BORISOVIČ OKUN

Spickzettel: Teilchen und Wechselwirkungen

Die *Atome* bestehen aus den *Elektronen* e, die die Atomhülle bilden, und dem *Kern*. Der Kern besteht aus *Protonen* p und *Neutronen* n. Die Protonen und die Neutronen setzen sich aus zwei verschiedenen Typen von *Quarks*, u und d, zusammen: p = (uud) und n = (ddu). Freie Neutronen unterliegen dem β-Zerfall. $n \to p\, e\, \bar{\nu}_e$, wobei $\bar{\nu}_e$ das *Anti-Elektronneutrino* ist. Diesem Zerfall des Neutrons liegt der Zerfall $d \to u\, e\, \bar{\nu}_e$ des d-Quarks zugrunde.

Die Bindung der Elektronen an den Atomkern ist ein Beispiel der *elektromagnetischen Wechselwirkung*. Die gegenseitige Anziehung der Quarks ist ein Beispiel der *starken Wechselwirkung*. Der β-Zerfall ist eine spezielle Form der *schwachen Wechselwirkung*. Außer diesen drei fundamentalen Wechselwirkungen spielt in der Natur noch eine vierte fundamentale Wechselwirkung, die *Gravitation*, eine wichtige Rolle; sie bewirkt die gegenseitige Anziehung aller Teilchen.

Die fundamentalen Wechselwirkungen werden durch entsprechende *Kraftfelder* beschrieben. Die *elementaren Anregungen* dieser Felder erscheinen ebenfalls als Teilchen, die man als *fundamentale Bosonen* bezeichnet. Dem elektromagnetischen Feld entspricht das *Photon* γ, dem starken Kraftfeld entsprechen die acht *Gluonen*, dem schwachen Kraftfeld die drei *intermediären Bosonen* W^+, W^- und Z^0, und dem Gravitationsfeld entspricht das *Graviton*.

Die Mehrzahl der Teilchen hat einen „Doppelgänger", das zugehörige *Antiteilchen*, das durch die gleiche Masse, aber das entgegengesetzte Vorzeichen aller seiner Ladungen gekennzeichnet ist. Teilchen, die wie das Photon mit ihrem Antiteilchen zusammenfallen, d. h. die gar keine Ladung tragen, nennt man *echt neutral*.

Neben dem Elektron e und dem Elektronneutrino ν_e sind noch zwei Paare ähnlicher Teilchen bekannt: das *Myon* μ und das zugehörige *Myonneutrino* ν_μ sowie das *Tauon* τ und das zugehörige *Tauonneutrino* ν_τ. Alle diese Teilchen bezeichnet man als *Leptonen*. Außer den u- und d-Quarks sind noch zwei Paare *massiverer Quarks*, c und s sowie t und b, bekannt. Leptonen und Quarks bezeichnet man als *fundamentale Fermionen*.

Teilchen, die aus drei Quarks zusammengesetzt sind, heißen *Baryonen*, und solche, die aus einem Quark und einem Antiquark zusammengesetzt sind, heißen *Mesonen*. Baryonen und Mesonen bilden die Familie der stark wechselwirkenden Teilchen, der *Hadronen*.

Die wichtigsten Teilchen: Elektron, Proton, Neutron und Photon

Die Physik der Elementarteilchen untersucht die kleinsten Teilchen, aus denen die uns umgebende Welt und wir selbst aufgebaut sind. Das Ziel dieser Untersuchungen besteht in der Aufklärung der inneren Struktur dieser Teilchen, dem Studium jener Prozesse, an denen sie teilhaben, und in der Aufstellung der Gesetze, welche den Ablauf dieser Prozesse regieren.

Die wichtigste, aber keineswegs einzige experimentelle Methode der Elementarteilchenphysik besteht in der Durchführung von Versuchen, bei denen hochenergetische Teilchenstrahlen auf geeignete unbewegliche Zielscheiben, sogenannte Targets, geführt oder direkt miteinander zur Wechselwirkung gebracht werden. Je höher dabei die Stoßenergie ist, desto reichhaltiger sind die Wechselwirkungsprozesse zwischen den Teilchen, und desto mehr können wir über sie erfahren. Heute bezeichnet man daher die Physik der Elementarteilchen auch als Hochenergiephysik und gebraucht beide Termini fast synonym. Wir beginnen jedoch unsere Bekanntschaft mit den Elementarteilchen nicht mit den hochenergetischen Stößen, sondern mit den gewöhnlichen Atomen.

Es ist wohlbekannt, daß die Materie aus Atomen besteht und daß die Atome eine Ausdehnung von der Größenordnung 10^{-8} cm haben. Die Größe der Atome wird durch die Ausmaße ihrer Hülle bestimmt, die aus Elektronen besteht. Jedoch ist praktisch die gesamte Masse des Atoms in seinem Kern konzentriert. Der Kern des leichtesten Atoms, des Wasserstoffatoms, besteht aus einem Proton, und seine Hülle aus einem einzigen Elektron. (In einem Gramm Wasserstoff befinden sich $6 \cdot 10^{23}$ Atome; folglich beträgt die Masse des Protons $1{,}7 \cdot 10^{-24}$ g. Die Masse des Elektrons ist etwa 2000mal kleiner.) Der Kern schwerer Atome enthält nicht nur Protonen, sondern auch Neutronen. Das Elektron wird mit dem Buchstaben e, das Proton mit p und das Neutron mit n bezeichnet.

In einem beliebigen Atom ist die Zahl der Protonen gleich der Zahl der Elektronen. Das Proton trägt eine positive elektrische Elementarladung $e = 1{,}602\,1892(46) \cdot 10^{-19}\,\mathrm{C}$ [1]) und das Elektron eine dem Betrage nach gleiche, aber negative Ladung, so daß das Atom als Ganzes elektrisch neutral ist. Atome, deren Kerne die gleiche Anzahl von Protonen, jedoch eine unterschiedliche Anzahl von Neutronen enthalten, bezeichnet man als Isotope eines gegebenen chemischen Elements. So existieren neben dem gewöhnlichen Wasserstoff beispielsweise die beiden schwereren Isotope Deuterium und Tritium, deren Kern ein bzw. zwei Neutronen enthält. Die drei Isotope des Wasserstoffs werden mit ^{1}H, ^{2}H und ^{3}H bezeichnet; hierbei gibt der linke obere Index die Summe der Anzahl von Protonen und Neutronen an. (Wir bemerken noch, daß der Kern des Deuteriums als Deuteron, und der des Tritiums als Triton bezeichnet wird. Wir bezeichnen das Deuteron mit dem Buchstaben D, manchmal wird es auch mit d bezeichnet.)

Der gewöhnliche Wasserstoff ^{1}H ist das im Weltall weitaus am häufigsten auftretende chemische Element. An zweiter Stelle rangiert das Heliumisotop ^{4}He, dessen Elektronenhülle zwei Elektronen enthält und dessen Kern aus zwei Protonen und zwei Neutronen besteht. Bereits um die Jahrhundertwende, als die natürliche Radioaktivität der Elemente entdeckt wurde, erhielt der Kern des Isotops ^{4}He eine spezielle Bezeichnung: er wurde α-Teilchen genannt. Wesentlich weniger häufig ist schließlich das Heliumisotop ^{3}He, dessen Kern zwei Protonen und nur ein Neutron enthält.

Die Radien von Proton und Neutron sind etwa gleich groß; sie sind von der Größenordnung 10^{-13} cm. Auch die Massen beider Teilchen sind ungefähr gleich — das Neutron ist etwa 1/10 Prozent schwerer als das Proton. Neutronen und Protonen sind im Kern ziemlich dicht gepackt, so daß das Volumen des Kerns ungefähr gleich der Summe der Volumina seiner Bestandteile, der Nukleonen, ist. (Der Terminus „Nukleon" bezeichnet gleicherweise Proton und Neutron; er wird immer dann verwendet, wenn die Unterschiede zwischen diesen Teilchen unwesentlich sind. Das Wort „Nukleon" leitet sich aus dem lateinischen nucleus = Kern her.)

---

[1]) Hier und in den weiter unten folgenden analogen Fällen kennzeichnen die in den Klammern stehenden Ziffern die experimentelle Ungenauigkeit in den beiden letzten Stellen der angegebenen Maßzahl; demnach ist der angegebene Wert so zu lesen:

$e = (1{,}602\,1892 \pm 0{,}000\,0046) \cdot 10^{-19}\,\mathrm{C}$.

Was die räumliche Ausdehnung des Elektrons betrifft, so müssen wir berichten, daß es bis jetzt nicht gelang, den Radius des Elektrons zu messen. Mit Sicherheit ist nur bekannt, daß er kleiner ist als 10^{-16} cm. Gewöhnlich bezeichnet man deshalb das Elektron als punktartiges Teilchen.

Manchmal werden die Elektronen im Atom mit den Planeten im Sonnensystem verglichen. Dieser Vergleich ist allerdings in vieler Hinsicht sehr ungenau. Vor allem müssen wir darauf hinweisen, daß sich die Bewegung der Elektronen von der Bewegung der Planeten qualitativ dahingehend unterscheidet, daß für die Elektronen nicht die Gesetze der klassischen Mechanik, sondern die der Quantenmechanik gelten, von der weiter unten noch die Rede sein wird. Einstweilen bemerken wir jetzt nur, daß das Elektron auf Grund seiner Quantennatur bei einer „fotografischen Momentaufnahme" des Atoms zu einem beliebigen Zeitpunkt mit einer beträchtlichen Wahrscheinlichkeit nicht nur in einem beliebigen Punkt seiner Bahnkurve, sondern auch außerhalb derselben „fotografiert" werden würde. Dagegen ist die Lage der Planeten auf ihrer Bahnkurve vermöge der Gesetze der klassischen Mechanik eindeutig und mit außerordentlicher Genauigkeit vorausbestimmbar. Würde man die Planetenbewegung mit der schienengebundenen Fahrt einer Straßenbahn vergleichen, dann müßte man die Bewegung des Elektrons wenigstens mit einer Taxifahrt vergleichen.

Es ist ferner angebracht, auch eine Reihe quantitativer Unterschiede anzugeben, die die Gleichartigkeit zwischen den Atomelektronen und den Planeten in Zweifel geraten lassen. So ist beispielsweise das Verhältnis des Radius der Elektronenbahn im Atom zum Radius des Elektrons selbst sehr viel größer als etwa das Verhältnis des Radius der Erdumlaufbahn um die Sonne zum Radius der Erde. Das Elektron im Wasserstoffatom bewegt sich mit einer Geschwindigkeit, die ungefähr 1/100 der Lichtgeschwindigkeit beträgt[1]), und es vollzieht in einer Sekunde etwa 10^{16} Umläufe. Das sind rund eine Million mal so viele Umläufe wie die Erde sie während ihrer gesamten bisherigen Existenz um die Sonne durchlaufen konnte. Die Elektronen in der Hülle schwerer Atome bewegen sich noch schneller: ihre Geschwindigkeit erreicht 2/3 der Lichtgeschwindigkeit.

---

[1]) Genauer beträgt das Verhältnis der Geschwindigkeit des Elektrons im Wasserstoffatom zur Lichtgeschwindigkeit 1/137. Diese Zahl muß man sich einprägen; ihr werden wir in diesem Buch noch mehrfach begegnen.

Die Lichtgeschwindigkeit im Vakuum bezeichnet man gewöhnlich mit dem Buchstaben c. Diese fundamentale physikalische Konstante wurde mit sehr großer Genauigkeit gemessen; sie beträgt

$$c = 2{,}99792458(1{,}2) \cdot 10^8 \text{ m/s},$$

also näherungsweise $c \approx 300000$ km/s.

Sprachen wir soeben von der Geschwindigkeit des Lichtes, so müssen wir auch auf die Lichtteilchen, die Photonen, eingehen. Photonen treten nicht wie die Elektronen und Nukleonen als Bestandteile des Atoms auf. Man bezeichnet deshalb üblicherweise die Photonen auch nicht als Materieteilchen, sondern als Strahlungsteilchen. Die Rolle der Photonen im Mechanismus des Weltalls ist jedoch nicht weniger bedeutungsvoll als die der Elektronen und Nukleonen.

In Abhängigkeit von der Energie, die die Photonen haben, treten sie uns in verschiedenen Erscheinungen entgegen: als Radiowellen, Infrarotstrahlung, sichtbares Licht, ultraviolette Strahlung, Röntgenstrahlung, und als sogenannte Kern-γ-Quanten. Je höher die Energie dieser Quanten ist, desto durchdringender oder „härter" sind sie; sie können sogar ziemlich dicke Metallschirme durchdringen. In der Elementarteilchenphysik werden die Photonen unabhängig von ihrer Energie mit dem Buchstaben γ bezeichnet.

Der wichtigste Unterschied der Photonen des Lichtes gegenüber allen anderen Teilchen besteht darin, daß sie sehr leicht erzeugt und genauso leicht vernichtet werden können. Tatsächlich braucht man nur ein Streichholz zu entzünden, um Milliarden von Photonen zu erzeugen, und bringt man in den Strahl sichtbaren Lichts, der dabei entsteht, ein Blatt schwarzen Papiers, so werden die Photonen in diesem absorbiert. Die Effektivität, mit der dieser oder jener materielle Schirm die auf ihn treffenden Photonen absorbiert, transformiert und gegebenenfalls hindurchtreten läßt, hängt letztendlich von der konkreten Beschaffenheit des Schirms und der Energie der Photonen ab. Sich vor Röntgenstrahlen und harten γ-Quanten zu schützen, ist weniger einfach, als sich vor sichtbarem Licht oder der ultravioletten Strahlung der Sonne zu schützen. Bei sehr hohen Energien ist der Unterschied zwischen den Photonen und den anderen Teilchen kaum größer, als es die Unterschiede zwischen diesen anderen Teilchen sind. Auf jeden Fall ist es gar nicht einfach, Photonen sehr hoher Energie zu erzeugen und zu beseitigen. Je weniger Energie das Photon besitzt, d. h. je „weicher“ es ist, desto leichter kann es erzeugt und vernichtet werden.

Eine der hervorstechendsten Besonderheiten des Photons, die auch im wesentlichen seine überraschenden Eigenschaften bestimmt, besteht darin, daß seine Masse gleich Null ist. Für ein massives Teilchen ist bekannt: Je geringer seine Energie ist, desto langsamer bewegt es sich. Massive Teilchen müssen sich nicht bewegen, sie können in Ruhe verharren. Das Photon jedoch, wie gering auch seine Energie sein mag, muß sich immer mit Lichtgeschwindigkeit c bewegen.

Masse, Energie, Impuls und Drehimpuls in der Newtonschen Mechanik

Wir benutzten bislang schon mehrfach die Begriffe „Energie“ und „Masse“. Es ist nun an der Zeit, ihre Bedeutung möglichst ausführlich zu erklären. Bei dieser Gelegenheit erläutern wir auch die Begriffe „Impuls“ und „Drehimpuls“. Alle diese physikalischen Begriffe — Masse, Energie, Impuls und Drehimpuls (manchmal auch Impulsmoment genannt) — spielen in der Physik eine fundamentale Rolle. Die außerordentliche Bedeutung dieser Begriffe ist darauf zurückzuführen, daß für isolierte Teilchensysteme, wie kompliziert die Wechselwirkung der Teilchen untereinander auch sein möge, die Gesamtenergie und der Gesamtimpuls des Systems ebenso wie der Gesamtdrehimpuls und die Summe aller Massen des Systems Erhaltungsgrößen sind, die sich mit der Zeit nicht ändern.

Beginnen wir unsere Erörterungen mit der Newtonschen Mechanik, die uns aus dem Schulunterricht gut bekannt ist. Wir betrachten einen Körper der Masse m, der sich mit der Geschwindigkeit $\boldsymbol{v}$ bewegt[1]). Nach der Newtonschen Mechanik hat dieser Körper den Impuls

$$\boldsymbol{p} = m\boldsymbol{v}$$

---

[1]) Mit halbfett gedruckten Buchstaben werden hier und im folgenden Vektoren bezeichnet, d. h. solche Größen, die nicht nur durch einen Zahlenwert, sondern zusätzlich auch durch eine bestimmte Richtung im Raume gekennzeichnet sind.

und die kinetische Energie

$$T = \frac{1}{2} mv^2 = \frac{p^2}{2m}.$$

Hierbei ist $v^2 = \boldsymbol{v}^2 = v_x{}^2 + v_y{}^2 + v_z{}^2$, wobei v_x, v_y und v_z die Projektionen des Vektors $\boldsymbol{v}$ auf die entsprechenden Koordinatenachsen x, y und z sind (Abb. 1).

Das Koordinatensystem können wir (bei festgehaltenem Koordinatenursprung) im Raume beliebig orientieren; die Größe $\boldsymbol{v}^2$ ändert sich dabei nicht. Wenn sich jedoch das Koordinatensystem, bezüglich dessen wir die Bewegung eines Körpers beschreiben

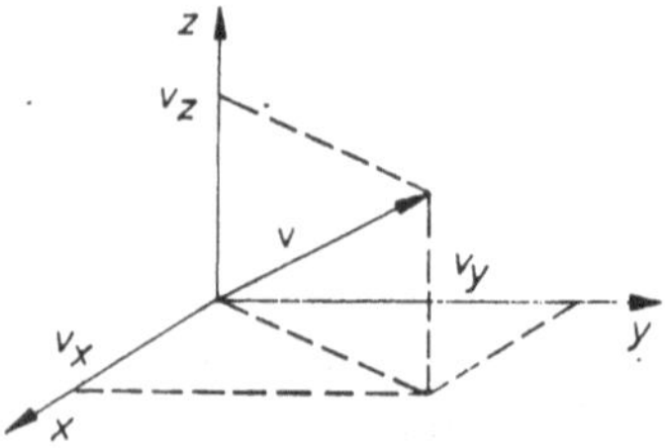

Abb. 1. Projektion des Vektors der Geschwindigkeit $\boldsymbol{v}$ auf die Koordinatenachsen

und das darum auch als Bezugssystem bezeichnet wird, selbst mit einer von Null verschiedenen Geschwindigkeit bewegt, dann hängen sowohl der Betrag als auch die Richtung der Vektoren $\boldsymbol{v}$ und $\boldsymbol{p}$ vom Betrag und der Richtung der Geschwindigkeit des Bezugssystems ab. So ruht beispielsweise in einem mit der Erde fest verbundenen Bezugssystem unser Haus; in einem mit der Sonne fest verbundenen Bezugssystem bewegt es sich jedoch mit der Geschwindigkeit 30 km/s.

Bei der Beschreibung der Drehbewegung von Körpern spielt jene Größe eine wichtige Rolle, die wir Drehimpuls oder Impulsmoment nennen. Zur Erläuterung betrachten wir als einfachsten Fall die Bewegung eines Teilchens, d. h. eines materiellen Punktes, auf einer Kreisbahn vom Radius $r = |\boldsymbol{r}|$ mit der Geschwindigkeit $v = |\boldsymbol{v}|$; dabei bezeichnen r und v die Beträge der entsprechenden Vektoren $\boldsymbol{r}$ und $\boldsymbol{v}$. In diesem Fall ist der Drehimpuls $\boldsymbol{L}$ der orbitalen Bewegung durch das Vektorprodukt des Radiusvektors $\boldsymbol{r}$ mit dem Impuls $\boldsymbol{p}$ des Teilchens definiert: $\boldsymbol{L} = \boldsymbol{r} \times \boldsymbol{p}$. Obwohl sich im Laufe der Zeit sowohl der Vektor $\boldsymbol{r}$ als auch der Vektor $\boldsymbol{p}$ der Richtung nach ständig ändern, bleibt der Vektor $\boldsymbol{L}$ konstant. Man überzeugt sich hiervon leicht, wenn man einen Blick auf die Abb. 2 wirft.

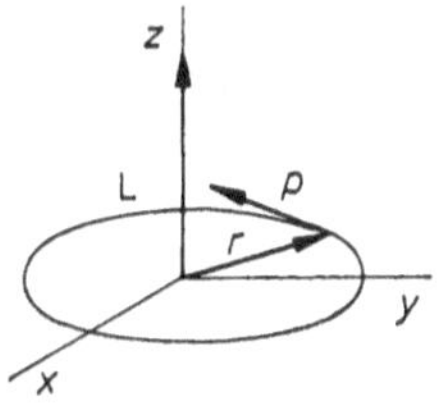

Abb. 2. Drehimpuls $\boldsymbol{L}$ bei der Bewegung eines Teilchens mit dem Impuls $\boldsymbol{p}$ auf einer Kreisbahn mit dem Radius $\boldsymbol{r}$

Nach Definition ist das Vektorprodukt $\boldsymbol{a} \times \boldsymbol{b}$ zweier Vektoren $\boldsymbol{a}$ und $\boldsymbol{b}$ gleich einem Vektor $\boldsymbol{c}$, dessen Betrag durch $|\boldsymbol{c}| = |\boldsymbol{a}|\,|\boldsymbol{b}| \sin\theta$ gegeben ist, wobei θ der Winkel zwischen den Vektoren $\boldsymbol{a}$ und $\boldsymbol{b}$ ist; der Vektor $\boldsymbol{c}$ steht senkrecht auf der von den Vektoren $\boldsymbol{a}$ und $\boldsymbol{b}$ aufgespannten Fläche, und zwar so, daß $\boldsymbol{a}$, $\boldsymbol{b}$ und $\boldsymbol{c}$ ein rechtshändiges Dreibein bilden (Abb. 3), wie es der bekannten „Schraubenregel" entspricht.

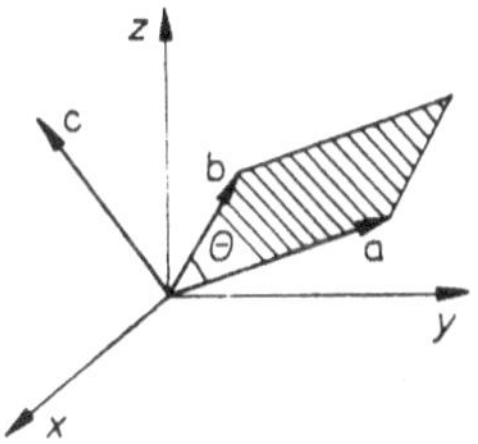

Abb. 3. Vektorprodukt $\boldsymbol{c}$ der Vektoren $\boldsymbol{a}$ und $\boldsymbol{b}$

In Komponentenschreibweise gilt für das Vektorprodukt

$$c_x = a_y b_z - a_z b_y ,$$

$$c_y = a_z b_x - a_x b_z ,$$

$$c_z = a_x b_y - a_y b_x .$$

Da wir gerade vom Vektorprodukt sprachen, wollen wir sogleich auch die Definition des Skalarprodukts $\boldsymbol{ab}$ oder $\boldsymbol{a} \cdot \boldsymbol{b}$ zweier Vektoren $\boldsymbol{a}$ und $\boldsymbol{b}$ in Erinnerung bringen. Nach Definition gilt

$$\boldsymbol{ab} = a_x b_x + a_y b_y + a_z b_z .$$

Man prüft leicht nach (siehe Abb. 3), das $\boldsymbol{ab} = |\boldsymbol{a}|\,|\boldsymbol{b}| \cos\theta$ gilt und daß sich das Skalarprodukt bei einer beliebigen gleichzeitigen Drehung der kartesischen, d. h. zueinander orthogonalen Achsen x, y und z nicht ändert.

Schließlich bemerken wir noch, daß drei zueinander orthogonale Einheitsvektoren ein Dreibein genannt und gewöhnlich durch $\boldsymbol{n}_x$, $\boldsymbol{n}_y$, $\boldsymbol{n}_z$ bezeichnet werden (Abb. 4). Aus der Definition des Skalarproduktes ist ersichtlich, daß $a_x = \boldsymbol{a}\boldsymbol{n}_x$ gilt.

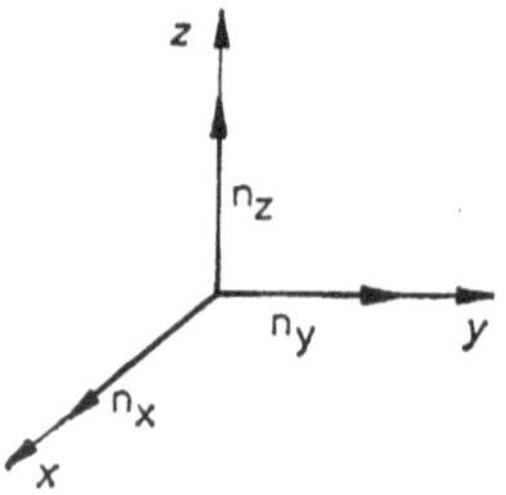

Abb. 4. Dreibein der orthogonalen Einheitsvektoren $\boldsymbol{n}_x$, $\boldsymbol{n}_y$ und $\boldsymbol{n}_z$

Für den durch die Abb. 2 beschriebenen Fall verifiziert man leicht, daß

$$L_x = L_y = 0, \quad L_z = |\boldsymbol{r} \times \boldsymbol{p}| = \text{const}$$

gilt.

Die Planeten des Sonnensystems bewegen sich nicht auf Kreis-, sondern auf elliptischen Bahnen, so daß sich der Abstand der Planeten von der Sonne mit der Zeit periodisch ändert. Aber auch ihre Geschwindigkeit ändert sich periodisch mit der Zeit, und zwar so, daß der Drehimpuls der Planeten auch in diesem Fall konstant bleibt. (Als Übung möge man hieraus das zweite Keplersche Gesetz ableiten, wonach der Radiusvektor der Planeten in gleichen Zeiteinheiten gleiche Flächen überstreicht).

Neben dem von der Bewegung um die Sonne herrührenden orbitalen Drehimpuls hat die Erde, wie auch die anderen Planeten, noch einen eigenen Drehimpuls, der von der täglichen Drehung um die eigene Achse herrührt. Die Erhaltung dieses Eigendrehimpulses liegt der Wirkungsweise des Kreiselkompasses zugrunde. Der Eigendrehimpuls der Elementarteilchen trägt die Bezeichnung Spin (aus dem Englischen: *spin* = drehen, wirbeln).

Masse, Energie und Impuls in der relativistischen Mechanik

Die Newtonsche Mechanik beschreibt die Bewegung der Körper ausgezeichnet, wenn deren Geschwindigkeit beträchtlich kleiner ist als die Lichtgeschwindigkeit: $v \ll c$. Diese Theorie wird jedoch gröblich falsch, wenn die Geschwindigkeit v der zu beschreibenden Körper von der Größenordnung der Lichtgeschwindigkeit c oder wenn gar $v = c$ ist. Wenn man die Bewegung von Körpern mit beliebiger Geschwindigkeit, bis hin zur Lichtgeschwindigkeit, beschreiben möchte, dann muß man sich der speziellen Relativitätstheorie, d. h. der Einsteinschen Mechanik oder, wie man auch sagt, der relativistischen Mechanik zuwenden. Die nichtrelativistische Newtonsche Mechanik erweist sich als spezieller (allerdings praktisch sehr wichtiger!) Grenzfall der relativistischen Mechanik Einsteins.

Der Terminus „Relativität" geht zurück auf das Galileische Relativitätsprinzip. In einem seiner Werke erklärt Galilei sehr eindrucksvoll, daß es im Innern eines Schiffes mit keinem mechanischen Versuch möglich sei festzustellen, ob das Schiff ruht oder sich bezüglich des Ufers bewegt. Selbstverständlich wäre dies ganz einfach, wenn man ans Ufer schauen könnte. Befindet man sich jedoch in einer Kajüte ohne Bullauge, so ist es unmöglich, eine geradlinige gleichförmige Bewegung mechanisch nachzuweisen.

Mathematisch äußert sich das Galileische Relativitätsprinzip darin, daß die Grundgleichungen der Mechanik, d. h. die Bewegungsgleichungen der Körper, in allen Inertialsystemen die gleiche Form haben. Als Inertialsystem bezeichnet man ein Koordinatensystem, wenn es starr mit einem Körper verbunden gedacht werden kann, der sich gleichförmig und geradlinig bezüglich der weit entfernten Fixsterne bewegt. Ein mit der Erde fest verbundenes Koordinatensystem ist also kein Inertialsystem. (Im Falle des Schiffes beachtete Galilei offensichtlich weder die Drehung der Erde um ihre eigene Achse noch die Bewegung der Erde um die Sonne, und schon gar nicht die Bewegung der Sonne um das Zentrum unserer Galaxis.)

Das Verdienst Einsteins war es nun, das Galileische Relativitätsprinzip auf alle physikalischen Erscheinungen ausgedehnt zu haben, insbesondere auch auf die elektrischen und optischen Erscheinungen, an denen die Photonen teilhaben. Dabei war es erforderlich, neben dem Begriff der kinetischen Energie T denjenigen der Gesamtenergie E einzuführen:

$$E = E_0 + T;$$

dabei ist E_0 die Ruhenergie, die mit der Masse m eines Körpers durch die bemerkenswerte Beziehung

$$E_0 = mc^2$$

verknüpft ist. Für Photonen, deren Masse ja Null ist, verschwindet natürlich die Ruhenergie E_0. Das Photon „ruht allein im Traum": Es bewegt sich immer mit der Geschwindigkeit c. Alle anderen Teilchen, die, wie die Elektronen und Nukleonen, eine von Null verschiedene Masse haben, besitzen auch eine von Null verschiedene Ruhenergie.

Für Teilchen mit $m \neq 0$ hat die Beziehung zwischen Energie und Geschwindigkeit sowie zwischen Impuls und Geschwindigkeit nach der relativistischen Mechanik die folgende Form:

$$E = \frac{mc^2}{\sqrt{1 - v^2/c^2}}, \quad \boldsymbol{p} = \frac{E\boldsymbol{v}}{c^2}.$$

Hieraus folgt die Gleichung

$$m^2c^4 = E^2 - \boldsymbol{p}^2c^2.$$

Jedes der beiden Glieder auf der rechten Seite dieser Gleichung wächst mit steigender Geschwindigkeit der Teilchen; ihre Differenz bleibt jedoch konstant oder, wie man in der Physik gewöhnlich sagt, invariant. Die Masse der Körper ist relativistisch invariant; sie hängt nicht von der Wahl des Bezugssystems ab, bezüglich dessen die Bewegung der Körper beschrieben wird.

Man prüft leicht nach, daß die relativistischen Beziehungen für Energie und Impuls in die entsprechenden nichtrelativistischen Ausdrücke der Newtonschen Mechanik übergehen, wenn $v/c \ll 1$ gilt. Tatsächlich, entwickelt man in diesem Falle die rechte Seite der Gleichung $E = mc^2/\sqrt{1 - v^2/c^2}$ in eine Potenzreihe nach dem kleinen Parameter v^2/c^2, so kommt man schnell zu dem Resultat

$$E = mc^2 \left(1 + \frac{1}{2}\frac{v^2}{c^2} + \frac{3}{8}\left(\frac{v^2}{c^2}\right)^2 + \cdots\right).$$

Hierbei bezeichnen die drei Punkte alle Glieder höherer Ordnung bezüglich des Parameters v^2/c^2.

Für $x \ll 1$ kann man eine Funktion $f(x)$ in eine Reihe nach dem kleinen Parameter x entwickeln. Differenziert man die linke und die rechte Seite der Beziehung

$$f(x) = f(0) + xf'(0) + \frac{x^2}{2!}f''(0) + \frac{x^3}{3!}f'''(0) + \cdots$$

und vergleicht die Resultate jeweils für $x = 0$, so erkennt man unschwer ihre Gleichheit (für $x \ll 1$ sind die vernachlässigten Glieder klein). In dem uns interessierenden Fall gilt:

$$f(x) = (1-x)^{-1/2}, \quad f(0) = 1,$$

$$f'(x) = \frac{1}{2}(1-x)^{-3/2}, \quad f'(0) = \frac{1}{2},$$

$$f''(x) = \frac{3}{4}(1-x)^{-5/2}, \quad f''(0) = \frac{3}{4}.$$

Wir vermerken hier, daß für die Erde, die sich auf ihrer Bahn mit einer Geschwindigkeit von 30 km/s bewegt, der Parameter v^2/c^2 nur 10^{-8} beträgt. Für ein Flugzeug, das mit der Geschwindigkeit $v = 1000$ km/h fliegt, ist dieser Parameter wesentlich kleiner, $v^2/c^2 \approx 10^{-12}$. Für ein solches Flugzeug ergeben sich somit die nichtrelativistischen Beziehungen

$$T = mv^2/2, \quad \boldsymbol{p} = m\boldsymbol{v}$$

mit einer Genauigkeit von der Größenordnung 10^{-12}, und man kann die relativistischen Korrekturen ruhig vernachlässigen!

Nun kehren wir nochmals zu jener Formel zurück, die das Quadrat der Masse mit den Quadraten der Energie und des Impulses verknüpft. Wir schreiben sie jetzt in der Form

$$m^2c^2 = (E/c)^2 - p_x^2 - p_y^2 - p_z^2.$$

Der Umstand, daß sich die linke Seite dieser Gleichung beim Übergang von einem Inertialsystem zu einem anderen nicht ändert, ist völlig analog dazu, daß im gewöhnlichen euklidischen Raum das Quadrat des Impulses,

$$\boldsymbol{p}^2 = p_x^2 + p_y^2 + p_z^2,$$

wie auch das Quadrat eines beliebigen dreidimensionalen Vektors, bei Drehungen des Koordinatensystems unverändert bleibt. Gestützt auf diese Analogie sagt man, daß die Größe m^2c^2 gerade das Quadrat eines vierdimensionalen Vektors, und zwar des vierdimensionalen Impulses p_μ ist (der Index μ nimmt die vier Werte $\mu = 0, 1, 2, 3$ an):

$$p_0 = E/c, \quad p_1 = p_x, \quad p_2 = p_y, \quad p_3 = p_z.$$

Einen Raum, dessen Vektoren durch $p_\mu = (p_0, \boldsymbol{p})$ gegeben sind, nennt man pseudoeuklidisch. Die Vorsilbe „pseudo“ drückt im vorliegenden Falle aus, daß die Invarianten nicht als Summe der Quadrate aller vier Komponenten, sondern durch den Ausdruck

$$p_0^2 - p_1^2 - p_2^2 - p_3^2$$

gegeben sind.

Transformationen, die die zeitliche und die drei räumlichen Koordinaten zweier unterschiedlicher Inertialsysteme miteinander verknüpfen, nennt man Lorentz-Transformationen. Wir wollen sie hier nicht explizit einführen, sondern nur auf den folgenden wichtigen Umstand hinweisen: Bezeichnet man mit t die Zeitdifferenz und mit $\boldsymbol{r}$ den räumlichen Abstand zweier Ereignisse, dann ändert sich das Quadrat s^2 ihres vierdimensionalen Abstands,

$$s^2 = (ct)^2 - \boldsymbol{r}^2,$$

bei Lorentz-Transformationen nicht. s^2 erweist sich also als Lorentz-Invariante (wir betonen, daß weder t noch r für sich invariant sind). Wir können daher $x_0 = ct$, $x_1 = x$, $x_2 = y$ und $x_3 = z$ als Komponenten eines vierdimensionalen Vektors x_μ einführen, wie wir dies soeben im Falle der Energie und des Impulses vollzogen haben. Während jedoch das Quadrat des vierdimensionalen Impulses für reale physikalische Teilchen stets positiv ist, trifft dies für s^2 nicht zu. Gilt für zwei Ereignisse $s^2 > 0$, dann nennt man ihren (vierdimensionalen) Abstand zeitartig, gilt dagegen $s^2 < 0$, so wird ihr Abstand raumartig genannt, und für $s^2 = 0$ heißt ihr Abstand lichtartig. Wenn $s^2 < 0$ gilt, dann können zwei raumartig getrennte Ereignisse, die in einem bestimmten Koordinatensystem gleichzeitig eintreten, in einem anderen jedoch nicht gleichzeitig eintreten.

Wir betrachten nun ein System von n freien, nicht miteinander wechselwirkenden Teilchen. Sei E_i die Energie des i-ten Teilchens, $\boldsymbol{p}_i$ sein Impuls und m_i seine Masse. Die Gesamtenergie und der Gesamtimpuls des Systems sind dann gegeben durch

$$E = \sum_{i=1}^{n} E_i, \quad \boldsymbol{p} = \sum_{i=1}^{n} \boldsymbol{p}_i .$$

Aus der Definition der Masse des Systems,

$$M^2 = \frac{E^2}{c^4} - \frac{\boldsymbol{p}^2}{c^2},$$

ergibt sich unmittelbar, daß die gesamte Masse des Systems M nicht einfach die Summe der Massen der das System bildenden Teilchen ist.

In unseren alltäglichen, nichtrelativistischen Lebensumständen haben wir uns angewöhnt, $M = \sum_{i=1}^{n} m_i$ zu setzen. Für sich schnell bewegende Teilchen ist diese Gleichung in der Regel jedoch nicht erfüllt. So ist zum Beispiel die Gesamtenergie zweier Elektronen, die mit Impulsen vom gleichen Betrage aufeinander zufliegen ($\boldsymbol{p}_1 = -\boldsymbol{p}_2$), gleich $2E/c^2$, wobei E die Energie jeweils eines der beiden Teilchen ist. Bei Experimenten an Elektronenbeschleunigern überschreitet dieser Wert die Größe $2m_e$ gewöhnlich um mehrere Ordnungen (m_e ist die Masse des Elektrons).

Es ist angebracht, diesen Abschnitt mit einigen Bemerkungen hinsichtlich der gebräuchlichen Terminologie zu beschließen.

In einigen Büchern und populärwissenschaftlichen Artikeln begegnet man gelegentlich den Termini „Ruhmasse" m_0 und „Bewegungsmasse" bzw. „relativistische Masse" m, wobei letztere mit steigender Geschwindigkeit des Körpers anwächst. Unter Ruhmasse versteht man dabei genau jene physikalische Größe, die wir oben einfach Masse nannten und mit dem Buchstaben m bezeichneten. Und unter relativistischer Masse m versteht man die Energie des Körpers, dividiert durch das Quadrat der Lichtgeschwindigkeit: $m = E/c^2$ (selbstverständlich wächst diese Größe mit der Geschwindigkeit der Körper an). Diese veraltete und tatsächlich inadäquate Terminologie war zu Beginn des 20. Jahrhunderts verbreitet. Zu jener Zeit schien es aus rein psychologischen Gründen wünschenswert, an der Newtonschen Beziehung zwischen Impuls, Masse und Geschwindigkeit, $\boldsymbol{p} = m\boldsymbol{v}$, festzuhalten. Nunmehr, gegen Ende des 20. Jahrhunderts, muß man sich von diesen Archaismen lösen. Sie verdunkeln lediglich den Sinn der relativistischen Mechanik für solche Körper, die ihr tatsächlich unterworfen sind, anstatt ihn aufzuhellen.

Man muß auch betonen, daß die Masse m in der relativistischen Mechanik weder die Rolle des Koeffizienten zwischen Kraft und Beschleunigung (träge Masse) noch die Rolle jenes Koeffizienten einnimmt, der die Wirkung des Gravitationsfeldes auf einen Körper charakterisiert (schwere Masse). Der Zusammenhang zwischen der Kraft $\boldsymbol{F}$ und der Beschleunigung $\mathrm{d}\boldsymbol{v}/\mathrm{d}t$ kann aus der oben gegebenen Definition des Impulses, $\boldsymbol{p} = m\boldsymbol{v}/\sqrt{1 - v^2/c^2}$, abgeleitet werden, wenn man beachtet, daß $\boldsymbol{F} = \mathrm{d}\boldsymbol{p}/\mathrm{d}t$ gilt. Was nun die gravitative Anziehung betrifft, so ist auch hier die Masse nicht im Spiel. Es ist nämlich experimentell genau bestätigt, daß die Photonen, die keine Masse haben, im Gravitationsfeld abgelenkt werden.

Ein weiteres Beispiel ungenauer Terminologie ist das folgende. Häufig begegnet man der Behauptung, daß in der Hochenergiephysik und in der Kernphysik angeblich der Übergang von Energie in Masse und von Masse in Energie nachgewiesen werde. Wie oben bereits betont wurde, gilt für die Energie ein strenger Erhaltungssatz: Die Energie kann in nichts anderes übergehen, sie kann nur anders zwischen den Teilchen aufgeteilt werden. Zahlreiche Beispiele von Prozessen, bei denen dies stattfindet, werden wir auf den folgenden Seiten dieses Büchleins noch anführen. Das Wesen der Sache kann man auch am Beispiel einer chemischen Reaktion, der Vereinigung von Kohlenstoff und Sauerstoff zu Kohlendioxid, verstehen, die man beim Verglühen der Kohle im Lagerfeuer beobachten kann:

$$C + O_2 \rightarrow CO_2 + \text{Photonen}.$$

Die kinetische Energie der Photonen und des CO_2-Moleküls in dieser Reaktion rührt daher, daß die Summe der Massen des Kohlenstoffatoms C und des Sauerstoffmoleküls O_2 die Masse des Kohlendioxidmoleküls CO_2 etwas übersteigt. Es ist offensichtlich: Wenn die gesamte Energie der Ausgangskomponenten einer Reaktion in Form von Ruhenergie vorliegt, dann ergibt sich die Gesamtenergie der Endprodukte als Summe aus kinetischer und Ruhenergie dieser Produkte.

Folglich bleibt die Energie erhalten, sie ändert nur ihre Träger und die Form, in der sie in Erscheinung tritt.

Kräfte und Felder

Energie und Impuls von Körpern, die sich ohne äußere Krafteinwirkung frei bewegen, ändern sich nicht mit der Zeit. Bei einer Wechselwirkung zweier oder mehrerer Körper erfährt der Impuls (und im allgemeinen auch die Energie) jedes dieser Körper eine Änderung. Damit eine solche Impulsänderung vonstatten gehen kann, ist es keineswegs erforderlich, daß sich diese Teilchen unmittelbar berühren und einander stoßen. Sie können miteinander auch über räumliche Abstände hinweg wechselwirken.

Beispielsweise ziehen sich die Erde und ein sie umkreisender Sputnik gegenseitig an. Dabei ändern sich ihre Impulse ständig.

Die Impulsänderung beider Körper ist dem Betrage nach gleich, der Richtung nach jedoch entgegengesetzt, so daß sich der Gesamtimpuls des Systems zeitlich nicht ändert. (Wir bemerken die Impulsänderung des Sputniks ohne weiteres, die Impulsänderung der Erde ist jedoch nicht so offensichtlich. Das liegt daran, daß die Masse der Erde im Vergleich zur Masse des Sputniks sehr viel größer ist und daß bei vorgegebener Impulsänderung die Änderung der Geschwindigkeit des Körpers umgekehrt proportional zu seiner Masse ist.)

In annähernd gleicher Weise wirken auch das Proton und das Elektron des Wasserstoffatoms aufeinander. Während zwischen Erde und Sputnik die Gravitation, die Newtonsche Anziehungskraft, wirkt, wird zwischen dem Proton und dem Elektron die elektrostatische oder Coulombsche Anziehungskraft wirksam. Beidemal ist jedoch die Kraft dem Quadrat des Abstands umgekehrt proportional. Diese Körper wirken aufeinander über beliebige Abstände hinweg ein, indem sie ein Kraftfeld um sich herum aufbauen. Ein anderes, gut bekanntes Beispiel eines Kraftfeldes ist das Magnetfeld, etwa das der Erde, das auf die Nadel eines Kompasses einwirkt.

Teilchen, die sich in einem Kraftfeld befinden, haben neben der Ruhenergie E_0 und der kinetischen Energie T auch noch eine potentielle Energie U. Die Gesamtenergie setzt sich in diesem Falle nicht nur aus zwei, sondern aus drei Anteilen zusammen: $E = E_0 + T + U$. Die potentielle Energie ist, bis auf ein zusätzliches negatives Vorzeichen, gleich jener Arbeit, die man verrichten muß, um zwei (ruhend) miteinander wechselwirkende Körper so weit voneinander zu entfernen, daß ihre gegenseitige Einwirkung vernachlässigbar klein wird. Im Grenzfall ist dies erreicht, wenn ihr gegenseitiger Abstand unendlich groß wird. Aus dieser Definition folgt, daß die potentielle Energie im Falle einer anziehenden Kraft negativ ist.

Es ist an dieser Stelle angebracht, vom eigentlichen Thema etwas abzuschweifen und auf die in der Elementarteilchenphysik gebräuchlichen Einheiten der Energie und Masse einzugehen. Die Einheiten der Energie sind in diesem Zweig der Physik das Elektronvolt (eV) und die daraus abgeleiteten Einheiten:

$$1\,\text{keV} = 10^3\,\text{eV},\quad 1\,\text{MeV} = 10^6\,\text{eV},\quad 1\,\text{GeV} = 10^9\,\text{eV},\quad 1\,\text{TeV} = 10^{12}\,\text{eV}.$$

Ein Elektronvolt ist diejenige Energie, die ein Elektron beim Durchlaufen einer Potentialdifferenz (Spannung) von einem Volt (V) aufnimmt. Wenn man beachtet, daß ein Joule (J) gleich 1 C · 1 V und ein Coulomb (C) gleich der Summe der Ladungen von $6 \cdot 10^{18}$ Elektronen ist, dann erhält man leicht die Beziehung:

$$1\ \mathrm{eV} \approx 1{,}6 \cdot 10^{-19}\ \mathrm{J}.$$

Das Elektronvolt wird in der Elementarteilchenphysik auch als Einheit der Masse benutzt. Genauer müßte man sagen, daß die Einheit der Masse die Größe $1\ \mathrm{eV}/c^2$ ist:

$$1\ \mathrm{eV}/c^2 \approx 1{,}8 \cdot 10^{-33}\ \mathrm{g}.$$

Die Physiker, die sich mit dem Studium der Elementarteilchen beschäftigen, benutzen in der Regel die Lichtgeschwindigkeit c als Einheit der Geschwindigkeit. Sie ziehen es dann vor, die Größe c zu unterdrücken, oder anders gesagt, sie benutzen ein System von Einheiten, in dem $c = 1$ ist. Dann ist die Masse des Elektrons $m_e \approx 0{,}511$ MeV, die Masse des Protons $m_p \approx 938{,}28$ MeV und die Masse des Neutrons $m_n \approx 939{,}57$ MeV.

Wir wenden uns jetzt der Bewegung eines Körpers im Feld einer Zentralkraft zu, in dem die Feldstärke umgekehrt proportional zum Quadrat des Abstands vom Zentrum ist. Unter Beachtung der Gleichungen der nichtrelativistischen Mechanik kann man leicht zeigen, daß im Falle der stationären Bewegung eines Sputniks auf einer Kreisbahn um die Erde — oder der Bewegung eines Elektrons um den Atomkern — der absolute Betrag der potentiellen Energie doppelt so groß ist wie die kinetische Energie:

$$U = -2T.$$

Tatsächlich ist die Newtonsche potentielle Energie durch die Gleichung

$$U = -G_N Mm/r$$

gegeben; hierbei ist r der Abstand des Sputniks vom Zentrum der Erde, m die Masse des Sputniks, M die Masse der Erde, und G_N ist die Newtonsche Konstante ($G_N = 6{,}7 \cdot 10^{-11}\ \mathrm{m^3kg^{-1}s^{-2}}$; für unsere Überlegungen ist der Zahlenwert von G_N unwesentlich). Die Kraft der gravitativen Anziehung des Sputniks durch die Erde ist $F = G_N Mm/r^2$, und die zum Zentrum gerichtete Beschleunigung ist gleich v^2/r. Beachtet man, daß die kinetische

Energie des Sputniks durch $T = mv^2/2$ gegeben ist, so erhalten wir

$$T = G_N Mm/2r, \qquad \text{und folglich} \qquad T = -\frac{1}{2}\,U.$$

Die Abhängigkeit des Potentials U vom Abstand r, und die Beziehung zwischen U und T ist in Abb. 5 dargestellt. In der Skizze ist auch die Größe ε eingetragen, die als Bindungsenergie bezeichnet wird.

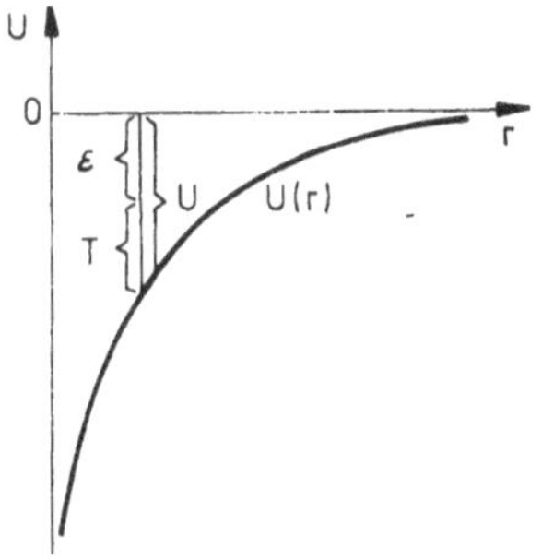

Abb. 5. Beziehung zwischen kinetischer Energie T und potentieller Energie U eines Sputniks; ε ist die Bindungsenergie

Entsprechend ihrer Definition ist die Bindungsenergie gleich

$$\varepsilon = -(U + T).$$

Für das Newtonsche Potential gilt somit $\varepsilon = -U/2 = T$. Wir sehen also, daß die Masse des Systems „Sputnik + Erde" kleiner ist, als die Summe der Massen des Sputniks und der Erde; die Differenz beträgt ε/c^2. Der Wert der Bindungsenergie ist um so größer, je näher der Sputnik die Erde umläuft.

In analoger Weise ist die Masse des Wasserstoffatoms kleiner als die Summe der Massen des Elektrons und des Protons, und sie hängt ebenfalls davon ab, in welchem mittleren Abstand r vom Kern die Bewegung des Elektrons erfolgt. Die entsprechende Massendifferenz trägt die Bezeichnung Massendefekt (nach Multiplikation mit c^2 ergibt sich natürlich die Bindungsenergie des Elektrons).

Quantenerscheinungen

Bei der Beschreibung von Atomen sprechen wir vom mittleren Abstand zwischen Elektron und Kern, und nicht vom Radius der Elektronenbahn. Der Grund hierfür besteht darin, daß das

Elektron, im Gegensatz zum Sputnik, wegen des Wirkens der Gesetze der Quantenmechanik keine wohldefinierte Bahnkurve durchläuft; auf diesen Umstand hatten wir bereits hingewiesen.

Während die Energie eines Sputniks Werte aus einem kontinuierlichen Energiebereich annehmen kann, ist für die Energie des Elektrons im Atom, und folglich auch für die Masse des Atoms, nur ein diskreter Satz von Werten oder, wie man sagt, ein diskretes Spektrum möglich. Auch dies ist eine Folgerung der Quantenmechanik, deren Gesetze die Bewegung der kleinsten Teilchen der Materie beherrschen.

Eine wichtige Rolle spielt in der Quantenmechanik die physikalische Größe S, die sogenannte Wirkung. Die physikalische Dimension der Wirkung ist das Produkt der Dimensionen von Energie und Zeit:

$$[S] = [E]\,[t];$$

die eckige Klammer bezeichnet hier die physikalische Dimension der eingeschlossenen Größe. Demnach gilt

$$[E] = [m]\,[l^2]\,[t^{-2}],$$

wobei l die Länge und m die Masse ist; daraus ergibt sich sofort

$$[S] = [m]\,[l^2]\,[t^{-1}].$$

In der speziellen Relativitätstheorie trat als fundamentale Naturkonstante die Lichtgeschwindigkeit c auf. Ganz ähnlich stellt sich in der Quantenmechanik eine weitere fundamentale Naturkonstante ein, das Wirkungsquant $\hbar$, das auch als Plancksche Konstante bezeichnet wird:

$$\hbar = 1{,}0545887(57) \cdot 10^{-34}\,\mathrm{Js}.$$

Ein Blick auf diese Zahl genügt, um zu erkennen, daß für alle makroskopischen Prozesse der Zahlenwert der Wirkung im Vergleich zu $\hbar$ kolossal groß ist. Eben deshalb werden makroskopische Prozesse so gut durch die klassische Mechanik beschrieben, und die Quanteneffekte können gewöhnlich gänzlich vernachlässigt werden.

Für Elektronen in den Atomen ist die Wirkung S jedoch von der Größenordnung $\hbar$, und Quanteneffekte erweisen sich als grundlegend: Die quantenmechanische Beschreibung ist für mikroskopische Systeme unverzichtbar. Eine besonders markante quantenmechanische Erscheinung ist die sogenannte Quantisierung des Drehimpulses. Zunächst bestätigt man schnell, daß der Drehimpuls dieselbe Dimension hat wie die Plancksche Konstante. Als notwendige Folge der Quantenmechanik erweist es sich nun, daß der von der orbitalen Bewegung der Teilchen herrührende Drehimpuls, der sogenannte Bahndrehimpuls, nur solche Werte annehmen kann, die ganzzahlige Vielfache von $\hbar$ sind. Im alltäglichen Leben können wir diese Diskretheit des Drehimpulses allerdings nicht wahrnehmen, weil der Drehimpuls makroskopischer Körper in Einheiten von $\hbar$ eine wahrhaft astronomische Zahl ist. Die Genauigkeit makroskopischer Messungen ist zu ungenügend, um, sagen wir, die Diskretheit des Drehimpulses eines gewöhnlichen Kinderkreisels nachzuweisen. Für die Elektronen der Atome erweist sich dagegen die Größe $\hbar$ als die natürliche Einheit des Drehimpulses. Der niedrigste Zustand der orbitalen Bewegung des Elektrons hat einen verschwindenden Bahndrehimpuls, $L = 0$, während den höheren Zuständen die Werte $L = \hbar, 2\hbar, \ldots$ usf. entsprechen.

So paradox es auch klingen mag: Nicht nur der Drehimpuls selbst ist eine „quantisierte Größe" vom Betrag $l\hbar$, auch die Projektionen des Drehimpulses auf eine beliebige Richtung im Raum, z. B. irgendeine Koordinatenachse, sind quantisiert und können lediglich die ganzzahligen Werte zwischen $-l\hbar$ und $l\hbar$ annehmen. (Genauer ist der Betrag des Drehimpulses durch $\sqrt{l(l+1)}\,\hbar$ bestimmt; die angegebenen Werte für seine Projektionen sind aber korrekt.)

Neben dem Bahndrehimpuls haben die Elementarteilchen auch noch einen bestimmten Wert des Eigendrehimpulses, des Spins. Die möglichen Werte des Spins sind ganzzahlige Vielfache von $\hbar/2$. So hat beispielsweise das Elektron und das Proton den Spin 1/2 (in Einheiten von $\hbar$), und das Photon hat den Spin 1. Teilchen mit halbzahligem Spin (in Einheiten von $\hbar$) heißen Fermionen, und Teilchen mit ganzzahligem Spin heißen Bosonen (diese Benennung erfolgte zu Ehren des italienischen Physikers E. Fermi und des indischen Physikers D. Bose).

Fermionen sind „Individualisten" und Bosonen sind „Kollektivisten": In einem beliebigen vorgegebenen Energieniveau können sich niemals mehr als ein Fermion mit bestimmter Projektion seines Spins befinden. Dies hat zur Folge, daß nicht alle Elektronen eines Atoms das niedrigste Energieniveau besetzen können; statt dessen müssen sie bei wachsender Kernladungszahl,

d. h. bei wachsender Zahl von Protonen im Kern, immer weiter vom Kern entfernte Hüllschalen auffüllen. Dadurch sind die verschiedenen, dem Mendelejewschen System zugrunde liegenden chemischen Eigenschaften der Atome begründet. Ganz anders verhalten sich die Bosonen; sie streben danach, alle ein und denselben Zustand zu besetzen. Wir bemerken beiläufig, daß gerade diese Eigenschaft der Bosonen die Ursache für die Suprafluidität des Heliums ^{4}He ist (der Spin des Heliumatoms ist Null); sie liegt auch der Wirkungsweise des Lasers zugrunde.

Die Quantisierung des Drehimpulses ist nur eine von vielen Erscheinungsformen der „Quantennatur" von Mikroteilchen.

Man muß hier besonders hervorheben, daß in der Quantenmechanik zugleich mit der Einführung der strengen Diskretheit einiger klassischer Größen (z. B. diskrete Energieniveaus, Quantisierung des Drehimpulses) auch eine Absage an den klassischen Determinismus erfolgt: Zahlreiche Aussagen der Quantenmechanik tragen Wahrscheinlichkeitscharakter. Augenfällig wird dieser statistische Charakter am Begriff der Teilchentrajektorie. An die Stelle der Bahnkurve — einem in der klassischen Mechanik wohldefinierten Begriff — tritt nun eine ganze Mannigfaltigkeit unterschiedlicher Wege, die von dem Teilchen mit unterschiedlicher, aber eindeutig definierter Wahrscheinlichkeit durchlaufen werden. Die experimentell beobachteten Meßwerte der physikalischen Größen ergeben sich dann, grob gesprochen, als arithmetisches Mittel jener Werte, die dem Teilchen beim Durchlaufen je eines Weges zukommen. Statistischen Charakter haben unter anderem solche Größen wie die Lebensdauer angeregter Niveaus von Atomen oder der Streuquerschnitt eines Prozesses. (Der Streuquerschnitt hat die Dimension einer Fläche und charakterisiert die Wahrscheinlichkeit, mit der im Ergebnis des Stoßes zweier oder mehrerer Teilchen der eine oder der andere Prozeß stattfindet.) Man charakterisiert deshalb in der Quantenmechanik den Zustand eines Teilchens durch eine Wahrscheinlichkeitsamplitude oder, wie man gewöhnlich sagt, eine Wellenfunktion.

Mikroteilchen erscheinen uns im Experiment als eigentümliche „Centauren", die in sich die Eigenschaften von Korpuskeln, also eigentlichen Teilchen, und von Wellen gleichermaßen vereinen. Zuerst wurde diese korpuskular-undulatorische Zwiespältigkeit, dieser „Welle-Teilchen-Dualismus" bei den Photonen beobachtet. Auf der einen Seite, zum Beispiel bei der Streuung von Photonen an Elektronen, verhält sich das Photon nicht im geringsten anders als das Elektron — es offenbart sich als Teilchen, das, gemäß dem Energie- und Impulsübertrag an das Elektron, in eine bestimmte Richtung und mit einer entsprechenden Energie reflektiert wird, genauso, wie man dies beim elastischen Stoß zweier Billardkugeln erwartet. Auf der anderen Seite offenbart sich ein Photon mit dem Impuls $\boldsymbol{p}$ als Welle mit der wohldefinierten Wellenlänge $\lambda\!\!\!^{-} = \hbar/|\boldsymbol{p}|$. Besonders klar treten die Welleneigenschaften der Photonen bei der Beugung und Interferenz des Lichts hervor.

Dieselbe Beziehung zwischen der Wellenlänge und dem Impuls, $\lambda\!\!\!^{-} = \hbar/|\boldsymbol{p}|$, charakterisiert nicht allein das Verhalten der Photonen, sondern auch das aller anderen Teilchen, also Elektronen, Protonen und Neutronen, ja sogar von Teilchenkonglomeraten, wie Atomen, Molekülen, Automobilen,... Allerdings, je schwerer die Körper sind, desto größer ist ihr Impuls, und desto kleiner ist die zugehörige Wellenlänge! Folglich wird es mit zunehmender Masse der Körper immer schwieriger, ihre Welleneigenschaft nachzuweisen. Die Wellennatur der Teilchen liegt beispielsweise der Konstruktion von Elektronenmikroskopen zugrunde, deren hohes Auflösungsvermögen auf die außerordentlich kleine Wellenlänge der Elektronen zurückzuführen ist. (Nach Durchlaufen einer Beschleunigungsspannung von 100 kV erreichen die Elektronen eine Geschwindigkeit $v \approx c/2$ und haben die Wellenlänge $\lambda \approx 0{,}004$ nm.)

Besonders eindrucksvoll spiegelt sich die dualistische Natur der Teilchen in der Heisenbergschen Unbestimmtheitsrelation wider, die die Unbestimmtheiten von Koordinate und Impuls eines Teilchens korreliert:

$$\Delta r \cdot \Delta p \gtrsim \hbar \,.$$

Je kleiner das Volumen ist, in dem sich das Teilchen bewegen kann, desto größer ist die Unbestimmtheit seines Impulses. Tatsächlich folgt gerade aus diesem Umstand, daß in jedem Atom ein Zustand niedrigster Energie existiert, den man Grundzustand nennt. Entgegen der aus der klassischen Physik folgenden Erwartung hat dieser Grundzustand jedoch eine von Null verschiedene kinetische Energie: Bei vorgegebenem Durchmesser des Atoms kann der Impuls, und folglich auch die kinetische Energie, nicht beliebig klein gemacht werden.

Mit Hilfe der Unbestimmtheitsrelation kann man die Größenordnung für den Wert der Bindungsenergie des Elektrons im Grundzustand des Wasserstoffatoms abschätzen. Dazu notieren wir die Ausdrücke für die potentielle und die kinetische Energie des Elektrons:

$$U = -\frac{e^2}{r}, \quad T = \frac{p^2}{2m_e}.$$

Setzen wir nun in T die aus der Unbestimmtheitsrelation folgende Beziehung $p \approx \hbar/r$ ein, und beachten wir die Relation $2T = -U$, so erhalten wir

$$\frac{\hbar^2}{r^2 m_e} \approx \frac{e^2}{r}, \quad \text{und hieraus} \quad r \approx \frac{\hbar^2}{e^2 m_e};$$

für die Bindungsenergie ergibt sich schließlich die Abschätzung:

$$\varepsilon = T \approx \frac{e^4 m_e}{2\hbar^2}.$$

Auf Grund eines glücklichen Zufalls stimmen unsere groben Schätzwerte r und ε mit den exakten Werten für den Radius des Wasserstoffatoms im Grundzustand (dem sogenannten Bohrschen Radius) r_0 und der Bindungsenergie des Wasserstoffatoms ε_0 überein:

$$r_0 = \frac{\hbar^2}{e^2 m_e} = 0{,}529\,177\,06(44) \cdot 10^{-10}\ \text{m},$$

$$\varepsilon_0 = \frac{e^4 m_e}{2\hbar^2} = 13{,}605\,804(36)\ \text{eV}.$$

Wenn wir die dimensionslose Größe $\alpha = e^2/\hbar c$ einführen, dann gilt

$$\varepsilon_0 = \frac{1}{2}\alpha^2 m_e c^2 \quad \text{und} \quad r_0 = \frac{1}{\alpha}\frac{\hbar}{m_e c}.$$

(Der Ausdruck $\lambda\!\!\!^{-} = \hbar/m_e c = 3{,}861\,590\,5(64) \cdot 10^{-13}$ cm wird als Comptonwellenlänge des Elektrons bezeichnet.) Die Größe α erhielt in der Atomphysik die Bezeichnung „Feinstrukturkonstante". Sie hat den Zahlenwert

$$\alpha = 1/137{,}036\,04(11).$$

Aus dem Wert für die Bindungsenergie ε_0 können wir unmittelbar die Geschwindigkeit des Elektrons im Wasserstoffatom abschätzen; sie ist, wie wir oben schon bemerkt hatten (s. S. 13), gerade 1/137 der Lichtgeschwindigkeit.

Bei Stößen eines Atoms mit anderen Atomen, oder bei der Bestrahlung des Atoms mit ultraviolettem Licht, kann das

Elektron aus dem Atom herausgeschlagen werden (man bezeichnet diesen Vorgang als Ionisation des Atoms), es kann aber auch auf ein beliebiges, höher gelegenes Energieniveau angehoben werden (man spricht dann von der Anregung des Atoms). Die Bindungsenergie ε_n des n-ten angeregten Niveaus hat, bezogen auf die Bindungsenergie des Grundzustands ε_0, den folgenden Wert:

$$\varepsilon_n = \varepsilon_0/(n+1)^2, \quad \text{wobei} \quad n = 1, 2, 3, \ldots$$

Selbstverständlich sind diskrete Energieniveaus nicht nur für die Elektronen im Atom charakteristisch, sondern auch für die Atome in Molekülen (hier sind die Abstände zwischen den Niveaus wesentlich kleiner als bei den Atomen) und für die Nukleonen im Atomkern (hier sind die Abstände zwischen den Niveaus sehr viel größer als bei den Atomen).

Natürlich haben alle Moleküle, alle Atome und auch alle Atomkerne (mit Ausnahme der einfachsten, nämlich Proton und Deuteron) neben dem Grundzustand einen ganzen Satz diskreter, angeregter Zustände. Nach den bisherigen Ausführungen ist es sofort einleuchtend, daß die Masse der Moleküle, Atome und Kerne in angeregten Zuständen die Masse dieser Teilchen im jeweiligen Grundzustand übersteigt.

Atom- und Kernreaktionen

Wie wir wissen, vereinigen sich beim Abbrennen eines Lagerfeuers die Kohlenstoff- und Wasserstoffatome der Bestandteile des Holzes mit den Sauerstoffatomen der Luft und bilden dabei Kohlendioxid und Wasserdampf. Die Summe der Massen der molekularen Ausgangsprodukte eines solchen Verbrennungsvorgangs, d. h. einer Oxidationsreaktion, ist größer als die Summe der Massen der dabei entstehenden Endprodukte. Wegen der Erhaltung der Energie muß daher die kinetische Energie der Verbrennungsprodukte größer sein als die kinetische Energie der Moleküle, die diese Reaktion speisen. Diesen Überschuß an kinetischer Energie stellen wir als die bei der Verbrennung abgegebene Wärme fest. Es wäre jedoch falsch zu sagen, daß hierbei eine Umwandlung von Masse in Energie stattfände. Richtiger wäre es schon zu behaupten, daß sich Masse in kinetische Energie umwandele. Vollkommen korrekt ist aber erst die Aussage, daß die Energie von der einen Form, nämlich der Ruhenergie, in eine andere Form, und zwar die kinetische Energie, übergeht. Man beachte, daß die Gesamtmasse des Systems dabei nicht erhalten bleibt.

Wenn sich nun andererseits in den Blättern von Pflanzen unter Einwirkung der Sonnenstrahlen Kohlensäure (Kohlendioxid) und Wasser zu organischen Verbindungen unter Abgabe von Sauerstoff zusammenfügen, dann wird bei diesen Prozessen Masse erzeugt. Unabdingbare Voraussetzung dafür ist jedoch, daß die Sonne die Energie hierfür liefert, nämlich als kinetische Energie der solaren Photonen.

Während der gesamten historischen Entwicklung der Menschheit war daher letzten Endes allein die Sonne der Lieferant jener Energie, die von den Menschen genutzt wurde. Es erhebt sich darum die dringende Frage, aus welcher Quelle die Sonne selbst ihre Energie nimmt. Wie wir im nächsten Abschnitt sehen werden, sind dies Kernreaktionen, bei denen die Summe aller Massen der in die Reaktion eingehenden Kerne größer ist als die entsprechende Summe der bei der Reaktion entstehenden Kerne. Die Massendifferenz bzw. die Differenz der Ruhenergien der Reaktionspartner ist gleich der von den Teilchen abgegebenen kinetischen Energie. Die Sonne strahlt diese Energie in das Weltall ab, und zwar hauptsächlich in Form von Photonen.

Wenn Atome mit hinreichend hohen Energien aufeinanderstoßen, dann werden sie angeregt, d. h., die Elektronen der Atomhülle gehen in angeregte Zustände über, und die Masse der Atome wächst. Das Atom kann sich jedoch nicht lange in einem angeregten Zustand aufhalten: Nach einiger Zeit strahlt es ein Photon ab und kehrt dabei in den Grundzustand zurück. Die Photonen werden von den Elektronen beim Übergang aus einem kernferneren in einen kernnäheren Orbit abgestrahlt. Sehr wichtig ist hierbei die Erkenntnis, daß das vom Atom abgestrahlte Photon nicht schon in ihm aufgespeichert war, sondern erst im Moment der Abstrahlung erzeugt wird. Die Bewegungsänderung der elektrischen Ladungen, d. h. der Elektronen, ruft Anregungen des elektromagnetischen Feldes in bestimmten „Portionen" oder Quanten hervor, die dann als Photonen erscheinen. Genauso verhält es sich mit einer Glühlampe: Die Photonen sind nicht etwa im Glühfaden gespeichert, sondern sie werden von „erhitzten" Elektronen erzeugt und abgestrahlt.

Die Energie E des Photons ist mit seiner Frequenz ω über die Beziehung $E = \hbar\omega$ verknüpft. Wenn man beachtet, daß die Wellenlänge des Lichts mit seiner Frequenz über die Gleichung

$\lambda\!\!\!^{-} = \omega c$ zusammenhängt, so erkennt man, daß Lichtquanten einer bestimmten Wellenlänge eine ganz bestimmte Energie haben. Das Feld einer ruhenden elektrischen Ladung ist rein statisch, d. h. zeitlich unveränderlich; es wird als Coulombfeld bezeichnet. Das Feld einer bewegten Ladung enthält dagegen Anregungen mit von Null verschiedener Frequenz. Bei Geschwindigkeitsänderungen der Ladung werden diese Anregungen gewissermaßen „abgeschüttelt" und fliegen als freie Photonen weg.

Angeregte Atome strahlen nicht nur sichtbares Licht ab. Wenn das Atom schwer ist und die Anregungen des elektromagnetischen Feldes von den inneren, sich schnell bewegenden Elektronen herrühren, dann werden auch Röntgenstrahlen ausgesandt.

In Analogie zu den Atomen strahlen auch angeregte Atomkerne Photonen ab, nur daß diese Photonen viel energiereicher sind (Kern-γ-Quanten). Während die Bindungsenergie des Elektrons im Wasserstoffatom nur 13,6 eV beträgt, ist die Bindungsenergie der Nukleonen im Kern im Mittel gleich 8 MeV, also um 6 Ordnungen größer.

Bei hinreichend hohen Anregungsenergien der Kerne können diese nicht nur Photonen, sondern auch andere Teilchen emittieren. Die Vielfalt derartiger Kernreaktionen ist beachtlich. Man kann sie allerdings in zwei große Klassen einteilen. Zu der einen Klasse gehören all jene Reaktionen, bei denen aus dem Kern entweder einzelne Nukleonen oder auch ganze Klumpen von Nukleonen, sozusagen Kernsplitter herausfliegen. Hierzu gehört beispielsweise der α-Zerfall (wir erinnern daran, daß das α-Teilchen der Kern des Heliumatoms ist) oder die Kernspaltung des Urans. Zur anderen Klasse gehören jene Reaktionen, bei denen die überschüssige Energie der instabilen Kerne von solchen Teilchen „abtransportiert" wird, die sich bis zum Zeitpunkt der Abstrahlung noch nicht im Kern befanden. Das einfachste Beispiel dieser zweiten Klasse von Reaktionen ist die Kern-γ-Strahlung. Wir werden sogleich mit einer weiteren Form derartiger Reaktionen konfrontiert sein, bei der der Kern ein Teilchenpaar, nämlich ein Elektron und ein Neutrino emittiert. Diese Erscheinung wurde bereits gegen Ende des vorigen Jahrhunderts entdeckt und wird β-Zerfall genannt.

Schwache und starke Wechselwirkungen

Die Natur der beim β-Zerfall emittierten Teilchen war keineswegs sofort erkannt worden. Eines dieser Teilchen ist elektrisch geladen, das andere elektrisch neutral. Solange das geladene Teilchen noch nicht mit dem Elektron identifiziert worden war, wurde es einstweilen als β-Teilchen bezeichnet. (Auch das Elektron war erst kurz vor der Entdeckung des β-Zerfalls nachgewiesen worden.) Überhaupt stellte man sehr schnell nach der Entdeckung der Radioaktivität fest, daß es drei verschiedene Typen des radioaktiven Zerfalls gibt, die man als α-, β- und γ-Zerfälle bezeichnete. Heute wissen wir, daß die α-Strahlen Heliumkerne, die β-Strahlen Elektronen und die γ-Strahlen Kern-γ-Quanten sind.

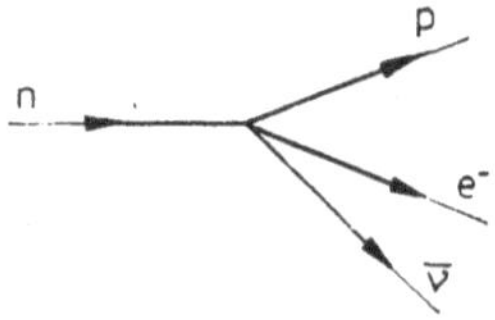

Abb. 6. β-Zerfall des Neutrons

Erst zu Beginn der 30er Jahre wurde klar, daß beim β-Zerfall nicht nur ein Elektron, sondern noch irgendein bis dahin unbekanntes Teilchen ohne elektrische Ladung emittiert wird. Man nannte dieses Teilchen Neutrino (im Italienischen bedeutet dies „kleines Neutron").

Das einfachste Beispiel eines β-Zerfalls ist der Zerfall des Neutrons (Abb. 6), bei dem sich ein Neutron unter Emission eines Elektrons und eines Neutrinos in ein Proton umwandelt (genauer handelt es sich — wie man allerdings erst später erkannte — um ein Antineutrino[1]); den physikalischen Sinn der Vorsilbe „Anti" klären wir in einem der nächsten Abschnitte auf):

$$n \to p + e^- + \bar{\nu}.$$

Der Zerfall des Neutrons ist deshalb möglich, weil die Masse des Neutrons die Summe der Massen des Protons, des Elektrons

[1]) Das Neutrino bezeichnet man gewöhnlich mit dem griechischen Buchstaben ν (ny), und das Antineutrino kennzeichnet man durch Aufsetzen eines Querstrichs: $\bar{\nu}$.

und des Antineutrinos übersteigt. Genauso, wie wir es von der Emission der γ-Quanten durch angeregte Atome bereits kennen, werden die beim β-Zerfall des Neutrons auftretenden Teilchen erst im Augenblick des Zerfalls erzeugt und vom Neutron „abgeschüttelt"; sie befanden sich also nicht schon vorher in ihm — mit anderen Worten, das Neutron ist nicht aus Proton, Elektron und Antineutrino „aufgebaut". Während bei einer Zustandsänderung des Elektrons im Atom lediglich ein Teilchen, das Photon, emittiert wurde, wird bei der Umwandlung des Neutrons in ein Proton ein Teilchenpaar abgestrahlt, nämlich Elektron + Antineutrino.

Vom energetischen Standpunkt aus unterscheidet sich der β-Zerfall von den bisher betrachteten Prozessen überhaupt nicht. Nichtsdestoweniger haben wir es hierbei mit einer weiteren fundamentalen Wechselwirkung zu tun, die uns im Rahmen dieses Buches zum ersten Male begegnet. Bisher sprachen wir über die gravitative Wechselwirkung, auch über die verschiedenen Erscheinungen der elektromagnetischen Wechselwirkung, speziell über die gegenseitige Anziehung ungleich geladener Teilchen sowie die Emission und Absorption von Photonen. In etwas versteckter Form behandelten wir auch die sogenannte starke Wechselwirkung, die die Nukleonen im Atomkern aneinander bindet. Diese Wechselwirkung wird deshalb stark genannt, weil die Kernkräfte viel intensiver als die elektromagnetischen Kräfte sind; das wird deutlich durch die wesentlich höhere Bindungsenergie der Nukleonen im Kern belegt.

Mit dem β-Zerfall kommen wir nun mit einer Erscheinung des vierten Typs fundamentaler Kräfte in Berührung, mit einer Erscheinung der sogenannten schwachen Wechselwirkung. Man bezeichnet diese Wechselwirkung deshalb als schwach, weil ihre direkten Auswirkungen im alltäglichen Leben vernachlässigbar sind und weil ihre Auswirkungen auch im Atom und im Kern beträchtlich schwächer als die der starken und auch der elektromagnetischen Wechselwirkung sind: die der schwachen Wechselwirkung unterworfenen Prozesse haben eine wesentlich geringere Wahrscheinlichkeit und laufen folglich auch viel langsamer ab.

Bekanntlich werden γ-Strahlen im Magnetfeld überhaupt nicht, α- und β-Strahlen aber nach einander entgegengesetzten Seiten abgelenkt, wie dies anhand der Skizze auf dem Einband dieses Buches zu ersehen ist. Ich kann mich noch gut an eine der langen abendlichen Diskussionen über schwache Wechselwirkung erinnern, die vor vielen Jahren regelmäßig von Akademik I. Ja. Pomerančuk, dem Leiter der theoretischen Abteilung des Instituts für theoretische und experimentelle Physik (ITEP) in Moskau, mit seinen Schülern und Mitarbeitern veranstaltet worden war. Dabei bemerkte der zu jener Zeit weithin bekannte Spezialist auf dem Gebiet der Quantenelektrodynamik, V. B. Beresteckij, daß die erwähnte Skizze, die sich in allen Schulbüchern befand, sehr gut als Symbol der drei fundamentalen Wechselwirkungen gelten könne: der α-Zerfall ist eine Erscheinung der starken Wechselwirkung, der β-Zerfall ist eine Erscheinung der schwachen und der γ-Zerfall eine Erscheinung der elektromagnetischen Wechselwirkung! In den ersten Jahrzehnten unseres Jahrhunderts entwickelte sich die Physik dieser Wechselwirkungen in getrennnten Teildisziplinen. Gegenwärtig bildet sich eine Synthese dieser Disziplinen heraus. Darauf werden wir am Schluß des Buches noch eingehen. Aber jetzt setzen wir unseren Bericht über den β-Zerfall fort.

Auf den ersten Blick könnte man geneigt sein zu behaupten, daß die Welt im allgemeinen und die Menschheit im besonderen völlig ohne die schwache Wechselwirkung auskommen können. Jedoch wäre eine solche Schlußfolgerung ein schwerer Fehler. Tatsächlich muß man feststellen, daß mit einem „Ausschalten" der schwachen Wechselwirkung auch unsere Sonne verlöschen würde.

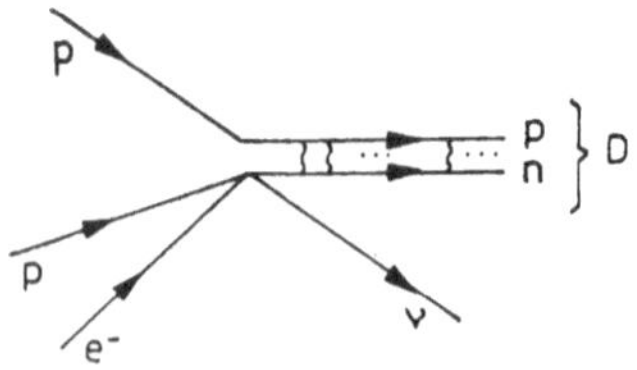

Abb. 7. Die schwache Reaktion
$p + p + e^- \to D + \nu$

Das hat seine Ursache darin, daß die wichtigsten Prozesse, die den Weg für alle weiteren Kernprozesse in der Sonne erschließen, in der Umwandlung zweier Protonen und eines Elektrons in ein Deuteron D und ein Neutrino ν_e bestehen.

Wir heben hervor, daß die direkte, einstufige Umwandlung

$$p + p + e^- \to D + \nu_e$$

(Abb. 7) nur in 0,25% aller Fälle abläuft. In den restlichen 99,75% der Fälle läuft die Reaktionen in zwei Stufen ab. In der ersten Etappe wird dabei ein Positron e^+ entsprechend der Reaktion

$$p + p \to D + \nu_e + e^+$$

gebildet (Abb. 8). In der zweiten Etappe findet eine Annihilationsreaktion des Positrons mit einem Elektron der Sonne statt:

$$e^+ + e^- \to 2\gamma \quad \text{oder} \quad 3\gamma.$$

Ausführlicher berichten wir über Positronen und deren Annihilation im Abschnitt „Antiteilchen".

Wir bringen nun in Erinnerung, daß das Deuteron D als Kern des Deuteriums, des schweren Isotops des Wasserstoffs, als ein gebundenes System aus einem Proton und einem Neutron aufzufassen ist. In Abb. 7 und Abb. 8 stellen vereinbarungsgemäß die wellenförmigen Linien die starke Kernwechselwirkung dar, die Proton und Neutron im Deuteron aneinander bindet. Die Bindungsenergie des Deuterons beträgt 2,2 MeV. Wenn man beachtet, daß die Masse des Neutrons um 1,3 MeV größer ist als die des Protons, die Masse des Positrons 0,5 MeV beträgt und die Masse des Neutrinos vernachlässigbar klein ist (möglicherweise ist sie sogar exakt gleich Null), dann schätzt man den Massendefekt der in Abb. 8 wiedergegebenen Reaktion leicht zu 0,4 MeV ab.

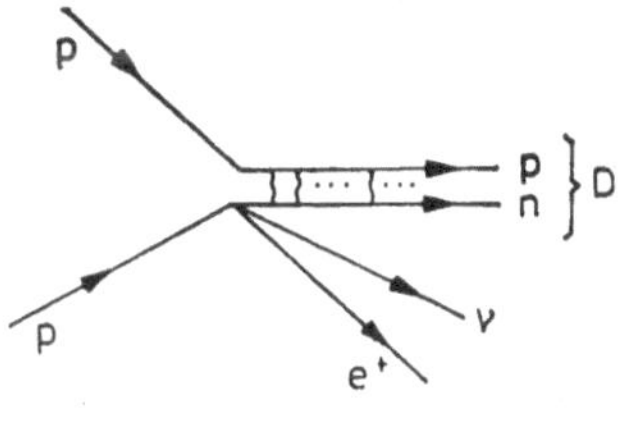

Abb. 8. Die schwache Reaktion
$p + p \to D + \nu + e^+$

Dieser oben beschriebene schwache Prozeß, den man in gewissem Sinne als inversen β-Zerfall des Neutrons bezeichnen könnte, ist der Hauptlieferant solarer Neutrinos. Jedoch ist die bei diesem Prozeß freigesetzte kinetische Energie verhältnismäßig klein, wovon wir uns soeben überzeugt hatten. Der Hauptanteil der in der Sonne freigesetzten Wärme resultiert erst aus der nachfolgenden Umwandlung zweier Deuteriumkerne in einen Heliumkern, der aus zwei Protonen und zwei Neutronen besteht. Die Grundlage für diese Umwandlung bilden die beiden folgenden Reaktionen:

$$D + p \to {}^3He + \gamma + 5{,}5\ \text{MeV},$$

$${}^3He + {}^3He \to {}^4He + 2p + 12{,}9\ \text{MeV}.$$

Die erste dieser beiden Reaktionen ist ein Ergebnis der starken und der elektromagnetischen Wechselwirkung (es entsteht ein γ-Quant), die zweite ist eine Folge allein der starken Wechselwirkung. Der große Energieüberschuß der zweiten Reaktion hängt damit zusammen, daß die Nukleonen im α-Teilchen besonders dicht gepackt sind und daher eine große Bindungsenergie haben.

Diese und ähnliche Reaktionen der Kernverschmelzung heißen thermonuklear, weil sie nur bei hinreichend hohen Temperaturen ablaufen. Die hohen Temperaturen sind erforderlich, damit sich die Kerne nahe genug kommen, um die Reaktionen überhaupt erst einleiten zu können. Bekanntlich stoßen sich gleichnamige elektrische Ladungen um so stärker ab, je näher sie einander kommen. Damit die Kerne diese elektrostatische Abstoßung überwinden und sich auf Abstände von der Größenordnung 10^{-13} cm nähern können, müssen sie eine außerordentlich große kinetische Energie haben. Tatsächlich muß die mittlere kinetische Energie aller Teilchen etwa 10 bis 100 keV betragen, was einer Temperatur von mindestens 100 Million Kelvin entspricht.

Die größte Hoffnung der Menschheit und zugleich die gefährlichste Bedrohung ihrer Existenz ist mit den thermonuklearen Reaktionen verknüpft. Wenn es gelänge, die gesteuerte thermonukleare Reaktion unter industriellen Bedingungen zu beherrschen, dann würde dies den Zugang zu unermeßlichen Energiereserven eröffnen und (nach unseren heutigen Maßstäben) die Menschheit auf immer von der drohenden Energiekrise befreien. Wenn aber andererseits der in den Kernwaffenarsenalen einer immer größer werdenden Zahl von Ländern angehäufte und in immer schnellerem Tempo ständig anwachsende Vorrat an Wasserstoffbomben zum Einsatz und damit zur Explosion käme, dann würde die gesamte Menschheit vernichtet werden.

Hochenergiephysik

Bei unseren bisherigen Betrachtungen bewegten wir uns lediglich im Vorgelände zum Hauptthema dieses Buches. Der Gegenstand unserer Untersuchungen, die Physik hochenergetischer Teilchen, steht weder mit den Atomkraftwerken noch mit dem Bau von Atombomben im Zusammenhang. Das Ziel der Hochenergiephysik ist die Aufklärung der Natur der fundamentalen Kräfte und der Struktur der Elementarteilchen. Die ausführliche

Einführung aber war erforderlich, weil „es unmöglich ist, höhere Bildung zu erwerben, bevor man eine niedere hat“. Darüber hinaus haben Prozesse bei hohen Energien viele Gemeinsamkeiten mit niederenergetischen Prozessen. (Übrigens ist die Energie thermonuklearer Reaktionen im Vergleich zu jenen Energien, die in der heutigen Hochenergiephysik eine Rolle spielen, ebenso niedrig wie die Energie des sichtbaren Lichts im Vergleich zur Energie der Kern-γ-Quanten.) Natürlich gilt auch für alle hochenergetischen Prozesse der Energieerhaltungssatz, wieviele Teilchen dabei auch erzeugt werden mögen. Um also neue, schwere Teilchen erzeugen zu können, ist es unumgänglich, Streuprozesse mit hinreichend energiereichen Ausgangsteilchen durchzuführen. Eben deshalb beschäftigten wir uns bisher so häufig mit der Betrachtung von Prozessen, bei denen sehr leichte Teilchen in viel schwerere Teilchen umgewandelt wurden, und umgekehrt. In dieser Hinsicht ergibt sich beim Studium hochenergetischer Streuprozesse nichts grundsätzlich Neues. Die Hochenergiephysik bietet uns jedoch in anderer Beziehung eine Reihe von Überraschungen: Sie erschließt uns eine ganze Welt fundamentaler, tiefliegender und zumeist reichlich merkwürdiger Erscheinungen und Gesetzmäßigkeiten!

Die erste Etappe in der Entwicklung der Hochenergiephysik, die in den dreißiger Jahren begann und in den vierziger Jahren endete, war im wesentlichen mit der Untersuchung der kosmischen Strahlung verknüpft. Die Primärkomponente dieser Strahlung besteht aus einem Strom sehr schneller Protonen, die — aus dem Kosmos kommend — auf die Erde treffen. Beim Stoß mit den Atomkernen in der Erdatmosphäre erzeugen diese primären Protonen eine Vielzahl sekundärer Teilchen. Bei der Analyse dieser Sekundärkomponente ergab sich, daß die kosmische Strahlung neben den seit langem bekannten Teilchen, wie Photonen, Elektronen und Nukleonen, auch andere, vollkommen neuartige Teilchen enthält. Zum Zwecke der Erforschung der Struktur dieser Teilchen begann man Ende der vierziger Jahre mit dem Bau mächtiger Beschleuniger für geladene Teilchen.

Beschleuniger

In Abhängigkeit vom Typ der zu beschleunigenden Teilchen unterscheidet man Protonen- und Elektronenbeschleuniger. Außerdem werden die Beschleuniger in zirkulare und lineare unterteilt. Ringbeschleuniger sind gegenwärtig wesentlich häufiger als Linearbeschleuniger.

Einer der größten Ringbeschleuniger für Protonen befindet sich am Europäischen Kernforschungszentrum (CERN) nahe bei Genf, der andere beim nationalen Beschleunigerlaboratorium „E. Fermi" (FNAL genannt) in Batavia bei Chicago. Die maximale Protonenenergie in diesen Beschleunigern beträgt 400 bzw. 800 GeV. Die Beschleunigeranlagen sind in ringförmigen Tunneln von etwa 7 km Länge untergebracht. Bis zur Inbetriebnahme des großen Beschleunigers am CERN zu Anfang der 70er Jahre wurde der Energierekord (76 GeV) vom Protonenbeschleuniger am Institut für Physik hoher Energien in Protvino bei Serpuchov gehalten, der seit 1968 arbeitet. Die Länge des Ringtunnels für diesen Beschleuniger liegt bei anderthalb Kilometer.

Längs des gesamten Tunnels der Ringbeschleuniger stehen Elektromagnete, die die geladenen Teilchen so ablenken, daß sie sich im Innern einer evakuierten Röhre auf einer Kreisbahn bewegen. Je stärker diese, die Bahn stabilisierenden Magnetfelder sind, desto energiereichere Teilchen kann man innerhalb der Vakuumkammer „halten". 1983 wurden am Beschleuniger in Batavia supraleitende Magnete installiert; sie gestatten es, Protonen bis zu einer Energie von 1000 GeV durch den Ring zu führen.

Während nun die Magnete die Teilchen an die „Zirkusarena" binden, übernehmen elektromagnetische Felder die Rolle der Peitsche, die die Teilchen beschleunigt. Die beschleunigenden Zwischenräume mit den geeigneten elektrischen Feldern sind ebenfalls längs des gesamten Ringes verteilt. Man kann diese elektrischen Felder nicht beliebig stark machen. Deshalb müssen die Teilchen den Beschleunigerring viele Male durchlaufen, bis sie die erforderliche Energie aufgenommen haben. Im Linearbeschleuniger müssen dagegen die elektrischen Felder so stark gemacht werden, daß die Teilchen bereits bei einem einmaligen Durchflug die gewünschte Endenergie erreichen.

Den Rekordwert veränderlicher elektrischer Felder hält gegenwärtig das Institut für Kernphysik in Akademgorodok bei Novosibirsk: Er liegt bei 1 Megaelektronvolt pro Zentimeter. Derartige Felder benötigt man für künftige Linearbeschleuniger für Elektronen, in denen die Beschleunigungsrate 100 MeV/m betragen soll. Recht aktiv werden auch die Möglichkeiten untersucht, Laserstrahlen zum Erlangen noch höherer Beschleunigungsraten zu verwenden. Das ist aber bereits Zukunftsmusik, Technik des 21. Jahrhunderts.

Der größte betriebsfähige Linearbeschleuniger befindet sich in Stanford bei San Francisco; er ist etwas mehr als 3 km lang. In ihm werden Elektronen auf eine Energie von 20 GeV beschleunigt. Etwa die gleiche Endenergie erreichen auch zwei große Ringbeschleuniger für Elektronen. Einer derselben steht ebenfalls in Stanford, der andere, als Deutsches Elektronen-Synchrotron (DESY) bezeichnet, am Rande Hamburgs. Die Ringlänge dieser Beschleuniger liegt etwas über 2 km.

Der aufmerksame Leser wird sogleich bemerkt haben, daß Ringbeschleuniger für Protonen eine viel größere Effektivität pro Längeneinheit erreichen als solche für Elektronen. Das liegt daran, daß die viel leichteren Elektronen bei ihrer Bewegung auf einer gekrümmten Bahn viel intensiver strahlen als die schweren Protonen. Um den Energieverlust durch diese sogenannte Synchrotron-Strahlung möglichst niedrig zu halten, muß man die zum Ringzentrum hin gerichtete Beschleunigung der Elektronen möglichst klein machen, und das zieht notwendigerweise eine Vergrößerung des Radius der Anlage nach sich.

Wenn die Teilchen die erforderliche Energie erreicht haben, werden sie zu Strahlen gebündelt, aus dem Beschleuniger heraus- und auf ein geeignetes Target hingeführt. Dort stoßen sie mit den Kernen der Targetmaterie zusammen und erzeugen dabei neue Teilchen. Einige dieser neuen Teilchen haben eine hinreichend große Lebensdauer und können das Target verlassen; bei anderen ist die Lebensdauer so klein, daß sie noch innerhalb des Targets zerfallen (einige verlassen dabei nicht einmal das Atom, in dessen Kern sie erzeugt wurden). Im letztgenannten Fall verlassen erst die Zerfallsprodukte dieser Teilchen das Target. Mit Hilfe spezieller Magnete werden die aus dem Target herausfliegenden Teilchen zu Sekundärstrahlen gebündelt und in die Experimentierhalle geführt. Nun erst können die eigentlichen experimentellen Untersuchungen beginnen, bei denen Reaktionen der Sekundärteilchen mit anderen Teilchen eingeleitet, die Reaktionsprodukte in geeigneten Nachweisgeräten detektiert und damit Aufschlüsse über ihre Wechselwirkung erzielt werden. Dieses komplizierte Verfahren ist unumgänglich, weil die einzigen zur Beschleunigung geeigneten und häufig genug vorkommenden Teilchen Protonen und Elektronen sind.

In den letzten Jahren haben solche Ringbeschleuniger an Bedeutung gewonnen, bei denen die beschleunigten Teilchen nicht auf ein feststehendes Target, sondern auf einen anderen, gegenläufig geführten Strahl gleicher Energie stoßen. Der Vorzug aufeinanderprallender Teilchenstrahlen besteht darin, daß die zur Erzeugung neuer Teilchen nutzbare Energie beträchtlich ansteigt.

Betrachten wir zwei gegenläufige Strahlen von Teilchen der Masse m, die beide die gleiche Energie E, aber einander entgegengerichtete Impulse $+\boldsymbol{p}$ und $-\boldsymbol{p}$ haben. Die Gesamtenergie zweier zusammenstoßender Teilchen ist dann $2E$, und der Gesamtimpuls ist Null. Man bezeichnet ein Koordinatensystem, in dem der Gesamtimpuls zweier Teilchen gleich Null ist, als Schwerpunktsystem. Im vorliegenden Fall stimmt daher das Schwerpunktsystem beider Teilchen mit dem Laborsystem überein. Der Energie $2E$ entspricht die Masse $M = 2E/c^2$; diese gesamte Energie $2E$ kann zur Bildung neuer Teilchen genutzt werden.

Nun betrachten wir den Fall, wo der Teilchenstrahl auf ein feststehendes Wasserstofftarget, z. B. eine mit flüssigem Wasserstoff gefüllte Druckkammer, geführt wird und mit den darin befindlichen Protonen zusammenstößt. Sei die Energie jedes Teilchens im Strahl wiederum E, seine Masse m und sein Impuls gleich $\boldsymbol{p}$; dann gilt $\boldsymbol{p}^2c^2 = E^2 - m^2c^4$. Die Masse des Protons bezeichnen wir mit μ. Nach Definition ist Masse M des Systems „Teilchen + Proton" aus der Gesamtenergie im Schwerpunktsystem beider Teilchen über die Gleichung

$$M^2c^4 = (E + \mu c^2)^2 - \boldsymbol{p}^2c^2 = 2E\mu c^2 + \mu^2c^4 + m^2c^4$$

bestimmt. Jetzt bewegt sich aber das Schwerpunktsystem relativ zum Laborsystem. Unter der Voraussetzung, daß die Energie E wesentlich größer als die Ruhenergie des Teilchens mc^2 und des Protons μc^2 ist, folgt, $M \approx \sqrt{2E\mu c^2}/c^2$, so daß die Gesamtenergie der einander stoßenden Teilchen im Schwerpunktsystem für den Fall gegenläufiger Teilchenstrahlen um den Faktor $\sqrt{2E/\mu c^2}$ größer ist als bei herkömmlichen Beschleunigern. Tatsächlich ist die effektive Stoßenergie, die auch den Charakter des Streuprozesses wesentlich bestimmt, durch die Energie im Schwerpunktsystem gegeben.

Auch ohne Formeln ist klar, daß der frontale Zusammenstoß zweier sich begegnender Autos wesentlich heftiger, also energiereicher ist, als der Stoß nur des einen auf einen parkenden Wagen. Im Falle relativistischer Teilchen ist der Energiezuwachs allerdings wesentlich größer.

Die ersten Beschleuniger mit sich kreuzenden Strahlen, sogenannte Collider, wurden bereits in den 50er Jahren gebaut. Die interessantesten Resultate erhielt man mit diesen Maschinen erst im Verlaufe des letzten Jahrzehnts. Im weiteren werden wir noch auf einige wichtige Experimente eingehen, die an den Collidern durchgeführt wurden. Zuvor ist es aber erforderlich, kurz die Grundlagen zu formulieren, die für die Experimente bei hohen Energien ausschlaggebend sind. Besonders auffallende Errungenschaften der Hochenergiephysik sind dabei Erkenntnisse über Antiteilchen, Hadronen und Quarks, Generationen von Quarks und Leptonen, Symmetriebrechung und fundamentale Vektorbosonen. Erklären wir also der Reihe nach, was sich hinter diesen Termini verbirgt.

Antiteilchen

Das erste Antiteilchen, das Positron, war Anfang der 30er Jahre theoretisch vorausgesagt und bald darauf auch experimentell nachgewiesen worden. Das Positron ist das Antiteilchen des Elektrons: Es hat exakt die gleiche Masse und, bis auf das Vorzeichen, auch die gleiche Ladung wie das Elektron. Es trägt also eine positive Elementarladung. Elektron und Positron werden deshalb mit e^- bzw. e^+ bezeichnet.

Im Vakuum ist das Positron genauso stabil wie das Elektron. Treffen aber beide Teilchen miteinander zusammen, so nimmt dies für beide einen schlechten Ausgang: Sie „verschwinden", d. h. sie annihilieren einander unter Ausstrahlung von Photonen (γ-Quanten). Bei der Annihilation eines Elektrons und eines Positrons werden in der Regel zwei oder drei γ-Quanten emittiert:

$$e^+ + e^- \to \gamma + \gamma, \qquad e^+ + e^- \to \gamma + \gamma + \gamma.$$

Das „Verschwinden" von Teilchen und zugehörigem Antiteilchen hat nichts Mystisches an sich. Im Gegensatz zu den bisher betrachteten Reaktionen geht bei der Annihilation die Ruhenergie von Teilchen und Antiteilchen vollständig in kinetische Energie der γ-Quanten über.

Unter Laborbedingungen beobachtet man auch solche Reaktionen, die man als Umkehrung der Annihilation von Elektron und Positron auffassen kann. Bei Stößen zweier hinlänglich energiereicher γ-Quanten wird ein Elektron-Positron-Paar erzeugt:

$$\gamma + \gamma \to e^+ + e^-.$$

Nach dem Positron wurden auch andere Antiteilchen entdeckt. In den 50er Jahren gelang es beispielsweise, an den Beschleunigern Antiprotonen und Antineutronen und bald darauf sogar leichte Antikerne zu erzeugen. In der Regel bezeichnet man Antiteilchen mit dem gleichen Buchstaben wie das zugehörige Teilchen, setzt aber einen Querstrich über denselben. Danach bezeichnet $\bar{p}$ das Antiproton, $\bar{n}$ das Antineutron und $\bar{\nu}$ das Antineutrino.

Die Massen der Antiteilchen stimmen exakt mit den Massen der entsprechenden Teilchen überein, aber die Vorzeichen aller ihrer Ladungen sind denen der Teilchen stets entgegengesetzt. Die gedankliche Operation des Austauschs „Teilchen ↔ Antiteilchen" heißt deshalb auch Ladungskonjugation. Bei dieser Operation geht das Photon, das weder elektrische noch irgendeine andere Ladung trägt, in sich über. Das Photon gehört zu dem ziemlich seltenen Typ von echt neutralen Teilchen, die keinen ladungsgespiegelten Doppelgänger haben.

Natürlich erhebt sich nun die Frage: „Wenn Elektron und Positron in zwei Photonen annihilieren können, warum können Elektron und Proton nicht ebenfalls annihilieren, oder, anders gefragt, warum ist das Wasserstoffatom stabil?" Es ist leicht einzusehen, daß die Welt, gäbe es die Reaktion $e^- + p \to 2\gamma$, schließlich nur noch aus Photonen und Neutrinos (als Zerfallsprodukte der Neutronen) bestehen würde. Das wäre eine wahrlich trostlose Perspektive!

Die Stabilität des Wasserstoffs läßt den Gedanken aufkommen, daß neben der elektrischen Ladung noch irgend eine andere erhaltene Ladung existiert (man spricht statt dessen auch von erhaltenen Quantenzahlen). Für die Erklärung der Stabilität des Wasserstoffs und der schwereren Atome, aber auch als Erklärung für das Fehlen einer Reihe weiterer Reaktionen, wurde die Hypothese von der Existenz und Erhaltung der baryonischen und der leptonischen Ladung formuliert.

Beginnen wir mit der baryonischen Ladung oder Baryonenzahl. Es gibt eine große Familie von Teilchen, die Baryonen genannt werden (die Bezeichnung leitet sich vom griechischen *baryos* = schwer ab). Zufolge der aufgestellten Hypothese hat jedes Baryon die baryonische Ladung $B = 1$. Das Proton ist das leichteste Baryon. Außer dem Proton und dem Neutron gibt es aber Dutzende anderer, noch schwererer Baryonen. Zu jedem dieser Baryonen gehört ein entsprechendes Antiteilchen, ein Antibaryon mit der baryonischen Ladung $B = -1$. Aus dem oben Gesagten folgt insbesondere, daß das Neutron, obwohl elektrisch neutral, keineswegs echt neutral ist.

Eine weitere Familie von Teilchen, die weniger umfangreich ist als die Familie der Baryonen, faßt die sogenannten Leptonen zusammen (aus dem Griechischen: *leptos* = leicht; wir gehen später noch genauer auf diese Teilchen ein). Das Elektron ist das leichteste der elektrisch geladenen Leptonen, es trägt die leptonische Ladung $L = 1$. Auch dem Neutrino wird die leptonische Ladung $L = 1$ zugeschrieben. Das Positron und das Antineutrino haben dann negative leptonische Ladung ($L = -1$). Man überprüft schnell, daß der β-Zerfall des Neutrons

$$n \rightarrow p + e^- + \bar{\nu}$$

sowohl die baryonische als auch die leptonische Ladung erhält.

Auf die Frage, wie streng die Gesetze von der Erhaltung der baryonischen und leptonischen Ladung gelten, werden wir zum Schluß dieses Buches noch eingehen. Jetzt wenden wir uns erst einmal der Frage zu, ob Antimaterie in unserer kosmischen Umgebung existiert.

Wegen der möglichen Annihilation ist eine enge Nachbarschaft von Teilchen und Antiteilchen unmöglich. Kommen daher einige Antiteilchen, welche unter Laborbedingungen erzeugt wurden, in Kontakt mit der „feindlichen Umwelt", so werden sie früher oder später zugrunde gehen. Es ist aber durchaus möglich, daß Antimaterie in Gebieten des Weltalls existiert, die von unserer gewöhnlichen Materie hinreichend weit entfernt sind. Derartige Antiwelten wären dann selbstverständlich aus Antiatomen aufgebaut. Die Energieniveaus von Antiatomen und von Atomen sind völlig gleich, auch ihre chemischen Eigenschaften unterscheiden sich nicht. (Einige geringfügige Unterschiede zwischen Materie und Antimaterie bestehen nur bezüglich der schwachen Wechselwirkung.) Es wäre daher möglich, daß „Antileben" und sogar „Antimenschen" in „Antiwelten" existieren. Photonen, die uns von Antisternen erreichen, würden sich in keiner Weise von den Photonen aus gewöhnlichen Sternen unterscheiden. Mit optischen und anderen Methoden, die auf dem Empfang elektromagnetischer Wellen basieren, könnte man keinen Unterschied zwischen Sternen und Antisternen feststellen. Im Prinzip wäre eine derartige Unterscheidung erst nach der Entwicklung einer Neutrinoastronomie möglich. Gewöhnliche Sterne nämlich, wie etwa unsere Sonne, strahlen infolge ihrer thermonuklearen

Energieerzeugung Neutrinos ab, während Antisterne aus dem gleichen Grund Antineutrinos emittieren müßten.

Gegenwärtig beurteilen die Astrophysiker die mögliche Existenz von Antiwelten ziemlich skeptisch. Dabei gehen sie davon aus, daß die uns aus entfernten Bereichen des Kosmos erreichende Primärkomponente der kosmischen Strahlung Antiprotonen lediglich als geringfügige Beimischung enthält. Andere Argumente stützen sich darauf, daß aus dem Kosmos keine γ-Quanten mit solchen Energien zu uns gelangen, wie sie für die Annihilation langsamer Elektronen und Positronen charakteristisch sind. Derartige Photonen, deren Energie etwa gleich der Ruhenergie der Elektronen wäre ($e^+ + e^- \rightarrow 2\gamma$), müßten aber im Grenzbereich zwischen Materie und Antimaterie in großer Zahl entstehen.

Die Frage, warum unsere Welt aus Materie und nicht aus Antimaterie oder zu unterschiedlichen Anteilen aus Materie und Antimaterie besteht, wurde in den letzten Jahren von den Theoretikern häufig diskutiert. In letzter Zeit nutzen auch die Experimentatoren in zunehmendem Maße Strahlen von Materie und Antimaterie für ihre Versuche. Dies trifft praktisch für alle großen Collider zu, in denen Strahlen von Protonen und Antiprotonen bzw. von Elektronen und Positronen zur Kollision gebracht werden.

Hadronen und Quarks

Eine reichhaltige Quelle experimenteller und theoretischer Entdeckungen öffnete sich den Elementarteilchenphysikern mit der Erforschung der starken Wechselwirkung. Bereits in den 40er Jahren war klar geworden, daß die Nukleonen nicht die einzigen, der starken Wechselwirkung unterliegenden Teilchen sind: Sie gehören zu einer großen Klasse von Teilchen, die in der Folgezeit Hadronen genannt wurden (aus dem Griechischen *hadros* = massiv, kräftig; apropos, auch das russische Wort ядро (*jadro*) = Kern leitet sich von diesem Ursprung her). Mit der Inbetriebnahme der mächtigen Beschleuniger ergoß sich, wie aus einem Füllhorn, eine ganze Flut neuer Hadronen; gegenwärtig sind über dreihundert verschiedene Hadronen bekannt.

Mitte der 60er Jahre wurde die Hypothese entwickelt, daß alle Hadronen aus noch einfacheren Teilchen, den sogenannten Quarks, aufgebaut sind. Die nachfolgenden Forschungen bestätigen die Richtigkeit dieser Vermutung.

Alle Quarks haben den Spin 1/2. Bis heute konnte die Existenz von fünf verschiedenartigen Quarks nachgewiesen werden: u, d, s, c und b. (Hier wurden die Quarks nach ihrer wachsenden Masse angeordnet: $m_u \approx 5$ MeV, $m_d \approx 7$ MeV, $m_s \approx 150$ MeV, $m_c \approx 1{,}3$ GeV und $m_b \approx 5$ GeV.) Man erwartet auch noch die Existenz eines sechsten, noch schwereren Quarks t. Im Sommer 1984 gab es eine vorläufige Mitteilung über die Beobachtung einiger Ereignisse der Erzeugung und des Zerfalls von t-Quarks, wonach $m_t \approx 40$ GeV sein sollte. Die endgültige Bestätigung dafür, daß es sich tatsächlich um t-Quarks handelte, steht allerdings noch aus.

Die Quarks u, c und t haben die elektrische Ladung 2/3 (in Einheiten der elektrischen Elementarladung), und die Quarks d, s und b haben die elektrische Ladung −1/3; es ist gebräuchlich, sie dementsprechend als „obere“ und „untere“ Quarks zu bezeichnen. Die angegebenen Symbole der Quarks leiten sich aus den englischen Worten *up, down, strange, charm, bottom* und *top* ab.

Das Quarkmodell war Anfang der 60er Jahre vorgeschlagen worden, als lediglich die leichten Hadronen bekannt waren, jene nämlich, die nur aus den leichten Quarks u, d und s aufgebaut sind. Dieses Modell brachte sofort Ordnung in die Klassifizierung der Hadronen. Auf seiner Grundlage verstand man aber nicht nur die Struktur der damals schon bekannten Hadronen, sondern man konnte auch eine Reihe weiterer, noch unbekannter Hadronen voraussagen.

Man unterteilt die Hadronen in zwei große Klassen. Die eine Klasse umfaßt die sogenannten Baryonen, die aus jeweils drei Quarks zusammengesetzt sind. Die Baryonen sind Fermionen, d. h., sie haben halbzahligen Spin. Die andere Klasse umfaßt die sogenannten Mesonen, die jeweils aus einem Quark und einem Antiquark zusammengesetzt sind. Die Mesonen sind Bosonen, d. h., sie haben ganzzahligen Spin. (Über Bosonen, Fermionen und Baryonen hatten wir oben schon kurz gesprochen.)

Die Nukleonen sind die leichtesten Baryonen. Das Proton besteht aus zwei u-Quarks und einem d-Quark (p = uud), und das Neutron besteht aus zwei d-Quarks und einem u-Quark (n = ddu). Das Neutron ist schwerer als das Proton, weil das d-Quark schwerer als das u-Quark ist. Wie man leicht nachprüft, ist die Masse der Nukleonen fast zwei Ordnungen größer als die Summe der Massen der drei entsprechenden Quarks. Dieser Sachverhalt erklärt sich damit, daß die Nukleonen nicht aus „nackten“ Quarks aufgebaut sind, sondern aus Quarks, die mit einem eigenartigen, schweren „Gluonpelz umhüllt“ sind (über Gluonen berichten wir im übernächsten Abschnitt).

Baryonen, die nicht nur aus u- und d-Quarks bestehen, werden Hyperonen genannt. Das leichteste Hyperon, das Λ-Hyperon, besteht aus drei verschiedenen Quarks: $\Lambda = \mathrm{uds}$.

Die leichtesten Mesonen sind die π-Mesonen oder Pionen: π^+, π^- und π^0. Die Quarkstruktur der geladenen Pionen ist einfach:

$$\pi^+ = \mathrm{u\bar{d}}, \quad \pi^- = \mathrm{d\bar{u}} \quad \text{und} \quad \pi^0 = (\mathrm{u\bar{u}} - \mathrm{d\bar{d}})/\sqrt{2}.$$

Das neutrale Pion ist eine Linearkombination, und zwar der beiden Zustände $\mathrm{u\bar{u}}$ und $\mathrm{d\bar{d}}$; einen Teil der Zeit verbringt es demnach im Zustand $\mathrm{u\bar{u}}$, den anderen Teil im Zustand $\mathrm{d\bar{d}}$. Das π^0-Meson wird daher mit gleicher Wahrscheinlichkeit in jedem seiner beiden Zustände angetroffen. Die Masse des π^+- und des π^--Mesons ist ungefähr gleich 140 MeV (diese Mesonen sind zueinander ladungskonjugiert, d. h., sie verhalten sich wie Teilchen und Antiteilchen); die Masse des π^0-Mesons ist ungefähr gleich 135 MeV (wie das Photon ist auch das neutrale Pion ein echt neutrales Teilchen).

Die nächstschwereren Mesonen sind die K-Mesonen; ihre Masse ist ungefähr gleich 500 MeV. Die K-Mesonen enthalten ein s-Quark:

$$K^+ = \mathrm{u\bar{s}}, \quad K^0 = \mathrm{d\bar{s}}, \quad \bar{K}^0 = \mathrm{s\bar{d}}, \quad K^- = \mathrm{s\bar{u}}.$$

K^+- und K^--Mesonen sind jeweils des anderen Antiteilchen. Das trifft auch für die K^0- und $\bar{K}^0$-Mesonen zu, die also nicht echt neutral sind.

Wir merken an, daß all jene Teilchen, die ein s-Quark enthalten, als fremdartige oder seltsame Teilchen bezeichnet werden; dementsprechend nennt man das s-Quark seltsames Quark. Diese Namensgebung erfolgte in den 50er Jahren, als einige Eigenschaften dieser Teilchen als merkwürdig empfunden wurden.

Natürlich kann man aus drei Quarks (u, d, s) und drei Antiquarks ($\bar{u}$, $\bar{d}$, $\bar{s}$) insgesamt neun verschiedene Zustände zusammenbauen, nämlich

$$\begin{array}{lll} \mathrm{u\bar{u}} & \mathrm{u\bar{d}} & \mathrm{u\bar{s}} \\ \mathrm{d\bar{u}} & \mathrm{d\bar{d}} & \mathrm{d\bar{s}} \\ \mathrm{s\bar{u}} & \mathrm{s\bar{d}} & \mathrm{s\bar{s}}. \end{array}$$

Sieben dieser neun Zustände (drei für die π-Mesonen und vier für die K-Mesonen) sind uns bereits vertraut; zwei weitere repräsentieren sich als Superposition, als Überlagerung der Zustände $u\bar{u}$, $d\bar{d}$ und $s\bar{s}$. Die Masse des einen dieser beiden Teilchen, des η-Mesons, beträgt 550 MeV, und die Masse des anderen, des η'-Mesons, beträgt 960 MeV. Genauso wie das π^0-Meson sind auch das η- und das η'-Meson echt neutrale Teilchen. (Auf den Begriff der quantenmechanischen Superposition gehen wir im Abschnitt „Gluonen und Farbe" noch genauer ein.)

Die neun bisher betrachteten Mesonen haben den Spin Null: $J = 0$. Das erklärt sich so: Quark und Antiquark dieser Mesonen sind so aneinander gebunden, daß der orbitale Drehimpuls verschwindet, $L = 0$; und die Spins der beiden Quarkkonstituenten sind einander entgegengesetzt, so daß der Gesamtspin des Systems ebenfalls Null ist: $S = 0$. Der Spin $\boldsymbol{J}$ des Mesons ist aber die geometrische Summe des orbitalen Drehimpulses $\boldsymbol{L}$ und des Gesamtspins $\boldsymbol{S}$ seiner Konstituenten:

$$\boldsymbol{J} = \boldsymbol{L} + \boldsymbol{S}.$$

Im vorliegenden Fall ist diese Summe natürlich gleich Null.

Jedes der bisher betrachteten neun Mesonen ist das leichteste seiner Art, ist der Grundzustand jeweils eines ganzen Spektrums angeregter Zustände. Betrachten wir beispielsweise jene Zustände des gebundenen Systems aus Quark und Antiquark, bei denen der orbitale Drehimpuls der Konstituenten zwar wiederum Null ist, $L = 0$, die Spins beider Konstituenten aber parallel und gleichsinnig ausgerichtet sind, so daß $S = 1$ und folglich $J = 1$ resultiert. Diese Zustände bilden ein etwas schwereres Nonett:

$$\rho^+, \rho^0, \rho^-; \quad K^{*+}, K^{*0}, \bar{K}^{*0}, K^{*-}; \quad \omega^0 \text{ und } \varphi^0$$

mit den Massen $m_\rho \approx 770$ MeV, $m_{K^*} \approx 892$ MeV, $m_\omega \approx 783$ MeV und $m_\varphi \approx 1020$ MeV. Es sind auch zahlreiche Mesonen mit $L \neq 0$ und $J > 1$ bekannt. 1983 wurde am Beschleuniger in Serpuchov ein Meson mit dem bis dahin größten Spin $J = 6$ entdeckt.

Wenden wir uns nun wieder den aus u-, d- und s-Quark aufgebauten Baryonen zu. Nach dem Quarkmodell ist der orbitale Drehimpuls der drei Quarks im Nukleon gleich Null, und der Spin J des Nukleons ist gleich der geometrischen Summe der Spins aller drei Quarks. So weist der Spin beider u-Quarks im Proton in dieselbe, der Spin des d-Quarks dagegen in die entgegengesetzte Richtung; folglich ist der Spin des Protons gleich 1/2.

Proton, Neutron, Λ-Hyperon und noch fünf weitere Hyperonen bilden nach dem Quarkmodell ein Oktett von Baryonen mit $J = 1/2$. Daneben gibt es noch ein Dekuplett mit $J = 3/2$, wenn nämlich die Spins der Quarks alle in die gleiche Richtung weisen:

ddd udd uud uuu		Δ^- Δ^0 Δ^+ Δ^{++}	1232 MeV
dds uds uus		Σ^- Σ^0 Σ^+	1385 MeV
dss uss	$\leftrightarrow$	Ξ^- Ξ^0	1530 MeV
sss		Ω^-	1672 MeV

Das Ω^--Hyperon — die Spitze der kopfstehenden Pyramide — wurde im Jahre 1964 experimentell bestätigt, nachdem seine Masse im Rahmen des Quarkmodells bereits exakt vorausgesagt worden war.

Den endgültigen Triumph des Quarkmodells brachte aber die Entdeckung der „charmanten" Teilchen, jener Teilchen also, die ein c-Quark enthalten (engl. *charm* = reizvoll, bezaubernd). Das erste dieser Teilchen, das J/ψ-Meson mit einer Masse von $m_{J/\psi} \approx 3{,}1$ GeV, wurde 1974 entdeckt. (Es setzt sich aus $c\bar{c}$ zusammen, weshalb man auch von verdecktem Charm spricht.) Das J/ψ-Meson wurde praktisch gleichzeitig an zwei verschiedenen Beschleunigern entdeckt: Am Elektron-Positron-Collider wurde es in der Reaktion $e^+e^- \rightarrow J/\psi$ erzeugt, und am Protonbeschleuniger entdeckte man das J/ψ-Meson unter den Produkten der Reaktion eines Protonenstrahls mit einem Berylliumtarget auf Grund seines Zerfalls $J/\psi \rightarrow e^+e^-$. Die erste Gruppe von Physikern nannte das neue Meson J, die zweite ψ, und so erhielt es einen Doppelnamen.

Das J/ψ-Meson erwies sich bald als der niedrigste von den möglichen Zuständen des Charmonium genannten $c\bar{c}$-Systems. In gewisser Weise erinnert das Charmonium an das Wasserstoffatom. Jedoch, in welchem angeregten Zustand sich das Wasserstoffatom (d. h. das gebundene System Elektron + Proton) auch befinden möge, man bezeichnet das System immer als Wasserstoffatom. Im Gegensatz hierzu werden verschiedene Zustände des Charmoniums (und nicht nur des Charmoniums, sondern auch anderer Quark-Antiquark-Systeme) als unterschiedliche Mesonen aufgefaßt. Bis heute sind ungefähr zehn verschiedene Mesonen entdeckt und untersucht worden, die als unterschiedliche Zustände des Charmoniums gelten. Diese angeregten Niveaus des

Charmoniums unterscheiden sich voneinander durch die unterschiedliche Orientierung des Spins von Quark und Antiquark, den Wert des orbitalen Drehimpulses und durch verschiedene radiale Eigenschaften ihrer Wellenfunktionen.

Bald nach dem Charmonium wurden auch Mesonen mit offenem Charm entdeckt:

$D^+ = c\bar{d}$, $D^- = d\bar{c}$ 1869 MeV

$D^0 = c\bar{u}$, $\bar{D}^0 = u\bar{c}$ 1865 MeV

$F^+ = c\bar{s}$, $F^- = s\bar{c}$ 2020 MeV

(die letzte Spalte enthält die ungefähren Massenwerte der Mesonen). Es wurden auch Baryonen mit offenem Charm gefunden.

Die Entdeckung von charmgeladenen Teilchen und von noch schwereren Mesonen, die b-Quarks enthalten, führte zu einer glänzenden Bestätigung des Quarkmodells. Vor allem dank der großen Masse der c- und b-Quarks führt das Modell zu einem zwar reichhaltigen, aber doch sehr anschaulichen Bild der Niveaus der Quark-Antiquark-Systeme. Der psychologische Effekt dieser Entdeckung war sehr groß. An die Existenz der Quarks glaubten nun auch jene, die ihnen früher mehr als skeptisch gegenübergestanden hatten.

Quarkeinschluß (Confinement)

Wenn alle Hadronen aus Quarks bestehen, dann — so scheint es — sollten auch freie Quarks existieren. Der Nachweis freier Quarks dürfte eigentlich auch leicht möglich sein, weil sie ja gebrochene elektrische Ladung tragen und eine Neutralisation dieser gebrochenen Ladung mit einer beliebigen Anzahl von Elektronen und Protonen unmöglich ist: Immer verbleibt ein Ladungsüberschuß oder -mangel. Wenn etwa ein Öltröpfchen ein Quark enthielte, so wäre seine resultierende Ladung ebenfalls eine gebrochene Zahl. Versuche mit Öltröpfchen wurden schon zu Beginn dieses Jahrhunderts zur Bestimmung der Ladung des Elektrons herangezogen. Bei der Suche nach freien Quarks wurden derartige Versuche mit wesentlich höherer Genauigkeit wiederholt, ohne daß dabei drittelzahlige Ladungen nachgewiesen werden konnten. Zu negativen Resultaten führten auch verschiedene sehr genaue massenspektroskopische Untersuchungen der verschiedensten Materialien. Aus all diesen Versuchen konnte man schlußfolgern, daß auf 10^{27} Protonen höchstens ein freies Quark kommen kann.

Um der Wahrheit gerecht zu werden, muß man allerdings erwähnen, daß die Experimentatoren in den Laboratorien der Universität von Stanford (Californien) gebrochene Ladungen nachweisen konnten, als sie das Verhalten kleiner Niobkügelchen in elektrischen und magnetischen Feldern studierten. Jedoch konnten diese Ergebnisse in anderen Laboratorien nicht bestätigt werden. Heute neigt die Mehrzahl der Spezialisten zu der Annahme, daß freie Quarks unter irdischen Bedingungen nicht vorkommen.

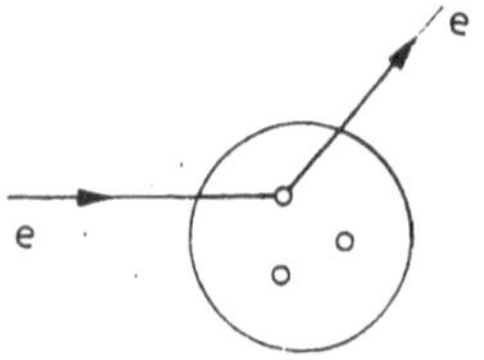

Abb. 9. Streuung eines Elektrons an einem der drei Quarks des Protons; das Proton ist durch den großen Kreis, die Quarks sind durch die kleinen Kreise symbolisiert

Wir stehen somit vor einer paradoxen Situation, denn es steht außer Zweifel, daß die Quarks im Innern der Hadronen existieren. Das wird nicht nur durch die bereits beschriebene Quark-Systematik der Hadronen bezeugt. Auch die direkte „Durchleuchtung" der Hadronen mittels hochenergetischer Elektronen, die man fachgerecht als tief-inelastische Streuung bezeichnet, belegt das. Die theoretische Analyse dieses Prozesses zeigt, daß die Elektronen innerhalb der Hadronen an punktartigen Teilchen mit der Ladung 2/3 bzw. $-1/3$ und mit dem Spin 1/2 gestreut werden. Die Elektronen ändern bei diesem tief-inelastischen Streuprozeß ihren Impuls und ihre Energie ganz plötzlich; dabei übertragen sie einen beträchtlichen Teil dieser Größen auf ein Quark (Abb. 9). Im Prinzip besteht kein wesentlicher Unterschied zur plötzlichen Impulsänderung der α-Teilchen bei deren Reflexion an den Atomkernen (Abb. 10). Auf diese Weise war nämlich in Rutherfords Laboratorium zu Beginn unseres Jahrhunderts die Existenz der Atomkerne aufgedeckt worden.

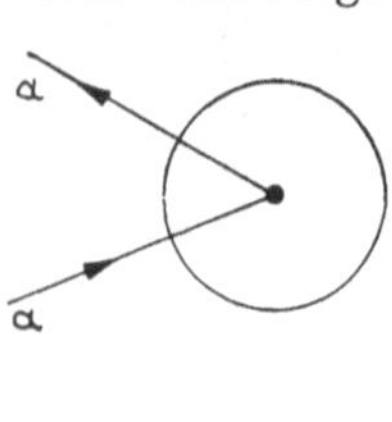

Abb. 10. Streuung von α-Teilchen am Atomkern; das Atom ist durch den großen Kreis, der Kern durch den zentralen schwarzen Punkt symbolisiert

Die gebrochenen Ladungen der Quarks offenbaren sich auch bei solchen tief-inelastischen Prozessen wie der Erzeugung gebündelter Hadronenstrahlen infolge der Elektron-Positron-Annihilation bei sehr hohen Energien. Wir gehen auf diese, an den großen e^+e^--Collidern nachgewiesenen, sogenannten Hadronen-Jets am Schluß des Buches noch genauer ein.

Zweifellos gibt es also Quarks im Innern der Hadronen. Sie aus ihrem hadronischen Verband zu lösen, ist offenbar unmöglich. Man nennt diese Erscheinung „Confinement", was im Englischen soviel wie Fesselung oder Gefangenschaft bedeutet. Ein Quark, das im Ergebnis eines Elektronenstoßes (s. Abb. 9) Energie aufnimmt, verläßt das Hadron nicht als freies Teilchen, sondern es benutzt seine Energie zur Bildung eines oder mehrerer Quark-Antiquark-Paare, d. h. zur Bildung neuer Hadronen, zumeist Mesonen.

In gewissem Sinne ähneln die Versuche, aus irgendeinem Meson einen seiner Bestandteile — also ein Quark oder ein Antiquark — herauszuziehen, dem Vorhaben, eine Kompaßnadel in ihren magnetischen Nord- und Südpol zu zerlegen. Beim Zerbrechen des Magneten entstehen anstelle des ursprünglichen zwei neue Dipole, und keineswegs zwei magnetische Monopole. Genauso entstehen beim „Zerbrechen" eines Mesons zwei neue Mesonen. Die Energie, die wir zum Trennen von Quark und Antiquark des Mesons aufwenden, geht in die Bildung eines neuen Systems „Quark + Antiquark" ein, und jedes dieser neuen Teilchen verbindet sich mit dem entsprechenden Antiteilchen des ursprünglichen, nun aber räumlich weit auseinandergezogenen Paares zu je einem neuen Meson.

Die Analogie zur Magnetnadel ist keineswegs vollständig und könnte daher irreführen. Es ist uns schließlich bekannt, daß der Magnetismus des Eisens von der gemeinsamen Ausrichtung der Spins und der orbitalen Bewegung der Elektronen in den Atomen herrührt. Man findet daher in magnetisiertem Eisen weder auf makroskopischem noch auf mikroskopischem Niveau irgendwelche magnetischen Einzelpole, sondern stets Dipole. Im Gegensatz hierzu existieren tief im Innern der Hadronen die Quarks wirklich: Je tiefer wir eindringen, desto deutlicher erkennen wir sie.

In der Theorie der Gravitation und bei den elektromagnetischen Erscheinungen haben wir uns daran gewöhnt, daß die Kraft zwischen den Teilchen anwächst, wenn sie sich einander nähern, und daß sie mit zunehmendem Abstand immer schwächer wird (die entsprechenden Potentiale sind vom Typ $1/r$). Im Falle eines Quark-Antiquark-Paares ist die Situation anders. Es gibt einen kritischen Radius $r_0 \approx 10^{-13}$ cm. Für sehr kleine Abstände $r \ll r_0$ stimmt das Potential mehr oder weniger gut mit dem Coulomb-Potential überein, aber für $r \approx r_0$ ändert sich das Verhalten des Potentials — es steigt unbegrenzt an.

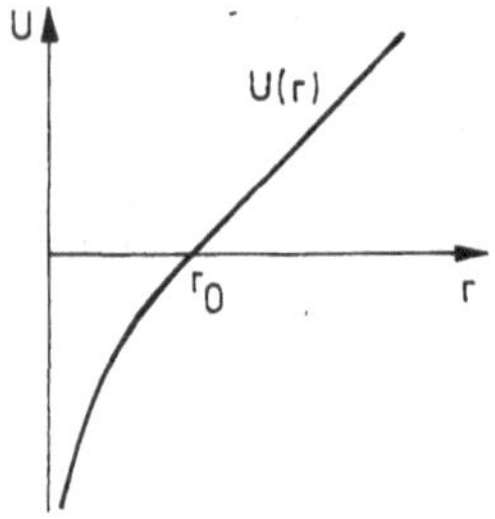

Abb. 11. Trichterförmiges Potential, das die Fesselung der Quarks im Hadron beschreibt

Wenn man die Existenz der leichten Quarks (u, d, s) außer acht läßt, und nur die schweren Quarks (c, b, t) in die Betrachtung einschließt, dann wächst, beginnend bei $r \approx r_0$, das Potential linear mit dem Abstand r an; es wird trichterförmig (s. Abb. 11, vgl. Abb. 5) und die Teilchen können bei vorgegebener Energie einen bestimmten Abstand nicht überschreiten, d. h., es liegt Confinement vor. Das lineare Anwachsen des Potentials führt zu einer konstanten, vom Abstand unabhängigen Kraft. Man bezeichnet das so charakterisierte Confinement als weich. (Zur Erklärung der Terminologie erinnern wir daran, daß das Potential einer gewöhnlichen („harten") metallischen Spiralfeder quadratisch mit der Federlänge anwächst.)

Leider verhindert in der realen Welt die Bildung leichter Quark-Antiquark-Paare die Möglichkeit, ein schweres Quark von seinem entsprechenden Antiquark auf eine größere Distanz als 10^{-13} cm zu trennen. Das Confinement läßt sich daher nicht, wie bei einer weichen Spiralfeder, bis zu beliebig großen Abständen aufrechterhalten: Die Bindung zwischen dem schweren Quark-Antiquark-Paar reißt wiederum unter Bildung zweier Mesonen auf; die Mesonen enthalten dann einen leichten und einen schweren Konstituenten.

Welches Kraftfeld mag die Quarks zu solch merkwürdigem Verhalten zwingen?

Welch ungewöhnlicher Leim klebt sie zusammen?

Gluonen und „Farbe“

Das starke Kraftfeld, das von den Quarks und den Antiquarks erzeugt wird und das die Wechselwirkungen zwischen ihnen vermittelt, erhielt die Bezeichnung Gluonfeld; demgemäß werden die den Anregungsquanten dieses Feldes entsprechenden Teilchen g auch Gluonen genannt (diese Bezeichnung ist vom englischen Wort *glue* = Leim abgeleitet). Die Gluonen stehen mit dem Gluonfeld in gleichem Zusammenhang wie die Photonen mit dem elektromagnetischen Feld. Damit steht fest, daß die Gluonen, genauso wie die Photonen, den Spin $J = 1$ (wiederum in Einheiten von $\hbar$) und negative Parität, $P = -1$, haben. (Über die Parität der Teilchen berichten wir in dem speziellen Abschnitt „C-, P-, T-Symmetrie“.)

Teilchen mit dem Spin Eins und mit negativer Parität ($J^P = 1^-$) heißen vektoriell, weil sich ihre Wellenfunktion bei Drehungen und Spiegelungen der Koordinaten wie ein gewöhnlicher räumlicher Vektor transformiert. Somit gehören die Gluonen zusammen mit dem Photon zur Klasse jener Teilchen, die fundamentale Vektorbosonen genannt werden.

Die Theorie der Wechselwirkung der Photonen mit den Elektronen heißt Quantenelektrodynamik. Die Theorie der Wechselwirkung der Gluonen mit den Quarks wurde Quantenchromodynamik genannt (nach dem griechischen Wort *chromos* = Farbe). Dem Terminus „Farbe“ begegneten wir in diesem Buche noch nicht. Ich werde deshalb sogleich aufklären, was sich hinter diesem Begriff verbirgt.

Wir wissen bereits, daß fünf verschiedene Typen von Quarks (u, d, s, c, b) experimentell beobachtet wurden und daß man sich rüstet, auch das sechste Quark (t) zu entdecken. Anstatt von sechs verschiedenen Typen der Quarks zu sprechen, sagt man auch, daß die Quarks sechs verschiedene „Aromen“ oder Flavour-Ladungen haben (engl. *flavour* = Aroma, Gewürz, Duft). Nach der Quantenchromodynamik ist jedes dieser Quarks noch mit einer zusätzlichen Eigenschaft versehen, so daß sich unter der obigen Bezeichnung nicht nur ein Teilchen, sondern deren drei verschiedene verbergen. Insgesamt hat man also nicht etwa 6, sondern 18 Quarks, und mit den Antiquarks deren sogar 36. Gewöhnlich sagt man, daß die Quarks jedes Aromas in drei Spielarten vorkommen, die sich voneinander durch ihre „Farbe“ unterscheiden. Als Farben der Quarks wählt man zweckmäßig rot (r), gelb (g) und blau (b); die Farben der Antiquarks sind dann antirot ($\bar{r}$), antigelb ($\bar{g}$), und antiblau ($\bar{b}$). Es versteht sich von selbst, daß diese Bezeichnung eine bloße Übereinkunft darstellt und in keiner Beziehung zu den gewöhnlichen optischen Farben steht. Die Physiker benötigen aber eine spezifische Ladung, die man den Quarks zuordnet und die als Quelle der Gluonenfelder aufgefaßt werden kann. Anstatt von Farbe spricht man häufig auch von einer Colourladung, die die Quarks tragen (engl. *colour* = Farbe). Dies entspricht vollkommen der Tatsache, daß die elektrische Ladung als Quelle des Photonfeldes aufzufassen ist.

Ich habe noch nicht begründet, warum ich einmal die Mehrzahl wählte und von den Gluonfeldern sprach, und das andere Mal die Einzahl wählte und vom Photonfeld sprach. Der Grund dafür ist, daß acht verschiedenfarbige Spielarten der Gluonen existieren. Jedem Gluon ist ein Farbpaar zuzuordnen, nämlich eine Colourladung (r oder g oder b) und eine Anticolourladung ($\bar{r}$ oder $\bar{g}$ oder $\bar{b}$). Insgesamt kann man aus drei Colour- und drei Anticolourladungen neun Kombinationen bilden:

$$\begin{array}{lll} r\bar{r} & r\bar{g} & r\bar{b} \\ g\bar{r} & g\bar{g} & g\bar{b} \\ b\bar{r} & b\bar{g} & b\bar{b} \end{array}$$

Diese neun Kombinationen lassen sich in natürlicher Weise folgendermaßen aufteilen: Die sechs nichtdiagonalen Kombinationen

$$r\bar{g},\quad r\bar{b},\quad g\bar{r},\quad g\bar{b},\quad b\bar{r},\quad b\bar{g}$$

sind „wirklich farbig“, die drei diagonalen Kombinationen

$$r\bar{r},\quad g\bar{g},\quad b\bar{b}$$

haben dagegen keine offensichtliche, sondern nur eine „verdeckte Farbigkeit“. Die Colourladungen sind, wie das auch für die elektrische Ladung der Fall ist, streng gehaltene Größen. Deshalb können die sechs nichtdiagonalen, wirklich farbigen Colourladungen nicht miteinander mischen. Was die drei Paare mit „verdeckter Farbe“ anbelangt, so verbietet die Erhaltung der Colourladung die Übergänge

$$rr \leftrightarrow g\bar{g} \leftrightarrow b\bar{b}$$

nicht. Im Ergebnis dieser Übergänge können drei Linearkombinationen (lineare Superpositionen) entstehen. Eine dieser Linearkombinationen ist

$$\frac{1}{\sqrt{3}}(\mathrm{r\bar{r}} + \mathrm{g\bar{g}} + \mathrm{b\bar{b}});$$

sie ist vollkommen symmetrisch, d. h., sie ändert sich bei den genannten Übergängen nicht. Sie weist also nicht einmal verdeckte Farbigkeit auf, erscheint also vollkommen farblos oder, wie man auch sagt, weiß. Zwei weitere Linearkombinationen kann man folgendermaßen wählen:

$$\frac{1}{\sqrt{2}}(\mathrm{r\bar{r}} - \mathrm{g\bar{g}}) \quad \text{und} \quad \frac{1}{\sqrt{6}}(\mathrm{r\bar{r}} + \mathrm{g\bar{g}} - 2\mathrm{b\bar{b}}).$$

Statt dessen hätte man auch jene Linearkombinationen herausgreifen können, die durch die zyklische Ersetzung $\mathrm{r} \to \mathrm{g} \to \mathrm{b} \to \mathrm{r}$ aus den angegebenen hervorgehen. Die Festlegung der Koeffizienten bei den linearen Superpositionen können wir hier nicht begründen, das würde den Rahmen dieses Buches sprengen. Das Gleiche gilt hinsichtlich der physikalischen Äquivalenz der drei durch zyklische Vertauschung entstehenden Superpositionen. Wichtig ist hier lediglich die Tatsache, daß jede der acht Kombinationen (sechs offen farbige und zwei verdeckt farbige) einem Gluon entspricht. Die Zahl der Gluonen ist also acht: $8 = 3 \cdot 3 - 1$.

Es ist sehr wichtig zu erkennen, daß im „Farbraum“ keine ausgezeichnete Richtung existiert: Die drei farbigen Quarks sind gleichberechtigt, die drei farbigen Antiquarks sind gleichberechtigt, und auch die acht farbigen Gluonen sind völlig gleichberechtigt. Die Farbsymmetrie gilt also streng!

Die Quarks realisieren ihre starke Wechselwirkung über die Emission und Absorption von Gluonen.

Betrachten wir etwa ein rotes Quark, q_r. Die Emission eines Gluons vom Typ $\mathrm{r\bar{g}}$ bewirkt vermöge der Erhaltung der Colourladung den Übergang in ein gelbes Quark q_g, denn nach den üblichen Spielregeln ist die Emission einer Antifarbe der Absorption der korrespondierenden Farbe äquivalent. Ganz analog geht das rote Quark bei der Emission eines $\mathrm{r\bar{b}}$-Gluons in ein blaues Quark über. Natürlich erhalten wir das jeweils gleiche Resultat, wenn das rote Quark ein $\mathrm{\bar{r}g}$- bzw. ein $\mathrm{\bar{r}b}$-Quark absorbiert. Im ersten Fall „vergilbt“ das Quark, im zweiten Fall „läuft es blau an“. Diese Prozesse der Emission und Absorption von Gluonen durch ein rotes Quark kann man folgendermaßen beschreiben:

$$q_r \to q_g + g_{r\bar{g}}, \quad q_r + g_{\bar{r}g} \to q_g,$$

$$q_r \to q_b + g_{r\bar{b}}, \quad q_r + g_{\bar{r}b} \to q_b;$$

dabei bezeichnet q_r, q_g, q_b ein rotes, gelbes bzw. blaues Quark mit einer beliebigen Flavourladung, und $g_{r\bar{g}}$, $g_{\bar{r}g}$, $g_{r\bar{b}}$ und $g_{\bar{r}b}$ ein rot-antigelbes, antirot-gelbes, rot-antiblaues bzw. antirot-blaues Gluon.

Ganz analog erfolgt die Beschreibung der Emission und Absorption von Gluonen mit „nicht-diagonaler Färbung“ durch gelbe und blaue Quarks.

Es ist selbstverständlich, daß die Emission und Absorption „diagonaler“ Gluonen die Farbe der Quarks nicht ändert.

Der Umstand, daß die Gluonen eine Colourladung tragen, führt dazu, daß sie sich grundlegend von den Photonen unterscheiden. Das Photon trägt keine elektrische Ladung. Daher kann es selbst auch keine Photonen emittieren. Die Gluonen dagegen tragen Colourladung, und sie können daher selbst ein Gluonfeld erzeugen: Gluonen emittieren selbst Gluonen! Bekanntlich vermag ein geladenes Teilchen um so leichter Feldquanten emittieren, desto geringer die Masse dieser Feldquanten ist. Gluonen sind masselos. Wenn daher die Gluonen als freie Teilchen existierten, dann könnten sie eine beliebig große Anzahl anderer Gluonen abstrahlen. Zu einer solchen Katastrophe kommt es allerdings nicht, weil die starke Wechselwirkung zwischen den Gluonen in gleicher Weise wie bei den Quarks zu einem Confinement führt. Die starke Wechselwirkung zwischen den Colourladungen wird bei Abständen von der Ordnung 10^{-13} cm so gewaltig, daß sich eine isolierte Colourladung unmöglich auf noch größere Abstände herausziehen läßt. Im freien Zustand können folglich nur solche Kombinationen von Colourladungen auftreten, die farbneutral, d. h. „weiß“ sind.

Die Elektrodynamik läßt sowohl die Existenz isolierter, elektrisch neutraler Atome als auch isolierter Elektronen und Ionen zu. Die Chromodynamik dagegen läßt nur solche isolierten Zustände zu, die eine Mischung aller Farben zu gleichen Teilen enthalten, nämlich die farblosen, „weißen“ Hadronen. Beispielsweise tritt das π^+-Meson gleichzeitig in jedem seiner drei möglichen Farbzustände $u_r\bar{d}_{\bar{r}}$, $u_g\bar{d}_{\bar{g}}$ und $u_b\bar{d}_{\bar{b}}$ auf; es repräsentiert sich uns als Summe dieser Zustände, als Superposition.

Diese Behauptungen, wie auch jene über Gluonen mit verdeckter Farbe, werden dem unvorbereiteten Leser nicht gerade sehr verständlich erschienen sein. Wir haben aber weiter oben schon einmal darauf hingewiesen, daß nicht alles in der Elementarteilchenphysik einfach und anschaulich erklärt werden kann. In diesem Zusammenhang erscheint es mir wichtig, einige Bemerkungen einzufügen, die nicht nur diesen, sondern auch die anderen Abschnitte dieses Buches betreffen; sie treffen tatsächlich auf die gesamte populärwissenschaftliche Literatur zu. Indem sie dem Leser eine Orientierung in dem vielschichtigen, sich ständig ausdehnenden und verwickelten Labyrinth der Wissenschaften ermöglichen, kommt den populärwissenschaftlichen Büchern und Artikeln unbestreitbar ein großer Wert zu. Trotz ihres anerkannten Nutzens haben sie aber auch einen offenkundigen Nachteil: Mit ihrer lediglich verbalen, auf krasse Näherungen und karrikierende Vereinfachungen zurückgreifenden Beschreibung wissenschaftlicher Theorien und Experimente — und eine exakte Beschreibung ist in populären Büchern häufig unmöglich — wird beim Leser gewöhnlich der falsche Eindruck erweckt, daß alles ganz einfach und wohlverstanden sei. Vielen mag es dann so scheinen, daß die dargestellte wissenschaftliche Theorie in weiten Grenzen willkürlich oder gar völlig unnötig ist. Möglicherweise, wird man sagen, läßt sich alles auch ganz anders darstellen. Die populärwissenschaftliche Literatur ist darum auch für den unversiegenden Strom jener Briefe verantwortlich, die bei den großen physikalischen Institutionen aller Länder eintreffen und in denen fehlerhafte „Widerlegungen" und „grandiose Verbesserungen" der Relativitätstheorie, der Quantenmechanik und der Theorie der Elementarteilchen vorgeschlagen werden. Mir scheint es daher notwendig zu sein, daß der Autor populärwissenschaftlicher Bücher nicht nur das Einfache auch wirklich einfach erklärt, sondern rechtzeitig den Leser auf das Vorhandensein von Komplizierterem hinweist, das nur dem Spezialisten zugänglich ist.

Farbige Quarks und Gluonen — das sind keine Erfindungen eines müßigen Kopfes! Die Quantenchromodynamik wurde uns von der Natur aufgedrängt, sie ist geprüft und wird ständig weiter geprüft, an einer wachsenden Zahl experimenteller Fakten. Sie ist eine jener schwierigen physikalischen Theorien (möglicherweise gar die schwierigste), die einen äußerst anspruchsvollen und keineswegs gänzlich ausgearbeiteten mathematischen Apparat erfordern.

Gegenwärtig gibt es keinen einzigen Fakt, der der Quantenchromodynamik widersprechen würde. Jedoch kann sie zahlreiche Erscheinungen erst qualitativ erklären und muß die quantitative Beschreibung der zukünftigen Ausarbeitung der Theorie überlassen. So ist bis heute nicht völlig verstanden, wie sich aus einem Quark-Antiquark-Paar, das bei seiner Entstehung einen sehr kleinen Abstand hat, schließlich ein Hadronen-Jet entwickelt. Bisher konnte auch noch keine Theorie des Confinement geschaffen werden. An derartigen Problemen arbeiten viele fähige Theoretiker in der ganzen Welt. Die Arbeiten erfolgen nicht nur unter Verwendung der traditionellen Mittel, nämlich Bleistift und Papier, sondern unter Zuhilfenahme vielstündiger Berechnungen mit den gegenwärtig größten Computern. Bei solchen „Computerexperimenten" werden Raum und Zeit nicht als stetige Größen behandelt, sondern als vierdimensionales Gitter aufgefaßt. In einer solchen diskretisierten Raum-Zeit, die gegenwärtig noch auf Gitter mit etwa 10^4 Gitterpunkten beschränkt ist, werden die Gluonfelder untersucht.

Leptonen

Die letzten Abschnitte waren der Erörterung der Eigenschaften und Struktur der Hadronen, der zahlreichen Verwandtschaft der Nukleonen, gewidmet. Wenden wir uns jetzt den Verwandten des Elektrons zu. Sie werden Leptonen genannt (nach dem griechischen Wort *leptos* = unwichtig, klein, bzw. *lepta* = kleine Münze). Ebenso wie das Elektron unterliegen alle Leptonen nicht der starken Wechselwirkung; sie haben auch alle den Spin 1/2. Nach unserer bisherigen Kenntnis kann man alle Leptonen als echt elementare Teilchen ansehen, da nicht eines der Leptonen eine Struktur ähnlich der der Hadronen aufweist. In diesem Sinne bezeichnet man die Leptonen als punktartige Teilchen.

Bis heute stellte man die Existenz von drei geladenen (e^-, μ^-, τ^-) und drei ungeladenen (ν_e, ν_μ, ν_τ) Leptonen fest; die drei neutralen Leptonen heißen Elektronneutrino, Myonneutrino bzw. Tauonneutrino. Jedes der drei geladenen Leptonen hat natürlich sein Antiteilchen (e^+, μ^+, τ^+). Was die drei Neutrinos angeht, so nimmt man gewöhnlich an, daß sie ebenfalls ein entsprechendes Antiteilchen haben ($\bar{\nu}_e$, $\bar{\nu}_\mu$, $\bar{\nu}_\tau$). Es ist aber nicht völlig auszuschließen, daß ν_e, ν_μ und ν_τ echt neutrale Teilchen sind, daß sie also, wie das Photon, Einzelgänger sind. Befassen wir uns nun mit jedem der Leptonen einzeln.

Über das Elektron haben wir schon ausführlich berichtet.

Das Myon wurde in der kosmischen Strahlung entdeckt. Der Prozeß seiner Entdeckung zog sich ein volles Jahrzehnt hin, von Ende der 30er bis Ende der 40er Jahre; diese Zeitspanne brauchte es von der ersten Beobachtung des Teilchens bis zur Erkenntnis, daß das Myon ein Zerfallsprodukt der geladenen Pionen ist: $\pi^+ \to \mu^+\nu_\mu$, $\pi^- \to \mu^-\bar{\nu}_\mu$. Daß das Myon ein eigenes Neutrino, eben das Myonneutrino hat, wurde noch viel später erkannt, nämlich anfangs der 60er Jahre.

Das Tauon wurde schließlich im Jahre 1975 über die Reaktion $e^+e^- \to \tau^+\tau^-$ am Elektron-Positron-Collider entdeckt.

Die Masse des Myons ist $m_\mu \approx 106$ MeV, die des Tauons ist $m_\tau \approx 1784$ MeV. Im Gegensatz zum Elektron sind das Myon und das Tauon instabil. Die Lebensdauer des Myons beträgt $2 \cdot 10^{-6}$ s, die Lebensdauer des Tauons beträgt etwa $5 \cdot 10^{-13}$ s.

Der Zerfall des Myons läuft über einen einzigen Kanal: Die Zerfallsprodukte des μ^- sind $e^-\bar{\nu}_e\nu_\mu$, und die des μ^+ sind $e^+\nu_e\bar{\nu}_\mu$. Beim Tauon gibt es viele mögliche Zerfallskanäle

$$\tau^- \to e^-\bar{\nu}_e\nu_\tau, \quad \tau^- \to \mu^-\bar{\nu}_\mu\nu_\tau, \quad \tau^- \to \nu_\tau + \text{Mesonen},$$

$$\tau^+ \to e^+\nu_e\bar{\nu}_\tau, \quad \tau^+ \to \mu^+\nu_\mu\bar{\nu}_\tau, \quad \tau^+ \to \bar{\nu}_\tau + \text{Mesonen}.$$

Diese Fülle von Zerfallskanälen erklärt sich daher, daß die große Masse des Tau-Leptons dessen Zerfall in viele leichtere Teilchen zuläßt, während dies beim Myon wegen des Energieerhaltungssatzes verboten ist.

Unser Wissen von den Neutrinos ist sehr unvollständig. Am wenigsten ist über ν_τ bekannt. Man weiß nicht einmal, ob seine Masse Null oder ob sie ziemlich groß ist; die obere experimentelle Schranke ist $m_{\nu_\tau} < 150$ MeV. Die obere Schranke für das Myonneutrino ist viel kleiner: $m_{\nu_\mu} < 0{,}5$ MeV. Für das Elektronneutrino ist die Meßgenauigkeit unvergleichlich viel größer. Die heutige Genauigkeitsgrenze erreichend konnte eine experimentelle Gruppe mitteilen, daß $m_{\nu_e} \approx 30$ eV ist. Diese Mitteilung wartet gegenwärtig noch auf die unabhängige Bestätigung durch andere Laboratorien.

Experimentell wurde festgestellt, daß jedes der geladenen Leptonen an der schwachen Wechselwirkung jeweils gemeinsam mit seinem zugeordneten Neutrino teilnimmt: e mit ν_e, μ mit ν_μ, und τ mit ν_τ. Als Beispiel führen wir die folgenden Zerfälle an:

$$n \to pe^-\bar{\nu}_e, \quad \pi^+ \to \mu^+\nu_\mu, \quad \tau^+ \to \bar{\nu}_\tau e^+\nu_e.$$

Generationen von Leptonen und Quarks

Die Unterschiede von Quarks und Leptonen springen ins Auge: Erstere sind farbig und tragen gebrochene elektrische Ladung, letztere sind farblos und tragen ganzzahlige elektrische Ladung. Sie haben aber auch gemeinsame Züge: Die einen wie die anderen haben den gleichen Spin $J = 1/2$, und sie sind nach unserem bisherigen Kenntnisstand punktartige Teilchen. Deswegen nennt man Quarks und Leptonen fundamentale Fermionen.

Die fundamentalen Fermionen kann man auf natürliche Weise in drei Gruppen einteilen, die man gewöhnlich Generationen nennt:

$$\begin{matrix} u & c & t? \\ d & s & b \\ \nu_e & \nu_\mu & \nu_\tau \\ e^- & \mu^- & \tau^-. \end{matrix}$$

Das Fragezeichen soll dabei in Erinnerung bringen, daß das t-Quark noch nicht zweifelsfrei nachgewiesen werden konnte. Allerdings deutet die Tatsache, daß zwei Generationen ohne eine Fehlstelle aufgefüllt sind, darauf hin, daß die dritte Generation die gleiche Struktur haben sollte.

Die Teilchen der ersten Generation sind die leichtesten, die der dritten Generation die schwersten ihrer Art.

Aus den geladenen Teilchen der ersten Generation sind die Atome aufgebaut. Auch das Elektronneutrino, obschon es sich unserm Anblick entzieht, spielt eine wichtige Rolle: Wäre es nicht vorhanden, würde die Sonne zusammen mit allen anderen Sternen verlöschen. Tatsächlich ruht das gesamte Weltall auf den Schultern dieser ersten Generation!

Wozu die Teilchen der beiden anderen Generation gebraucht werden, das wissen wir noch nicht; hierüber gibt es lediglich erste Vermutungen. Das langlebigste dieser Teilchen, das Myon, lebt einige Mikrosekunden ($t_\mu \approx 2 \cdot 10^{-6}$ s). Die seltsamen Teilchen leben 10^{-8} bis 10^{-10} s und alle übrigen weniger als 10^{-12} s. Mit großer Mühe vermöge speziell konstruierter Beschleuniger erzeugt, gehen diese Teilchen fast augenblicklich wieder zugrunde. Eine Ausnahme hiervon macht lediglich das Myonneutrino ν_μ und möglicherweise das Tauneutrino (falls ν_τ masselos oder wenigstens sehr leicht ist).

Unwillkürlich erhebt sich da die Frage: Warum muß man denn solch schnell vergängliche, exotische Schöpfungen untersuchen, wenn sie für unser Leben bedeutungslos sind? Lohnen sich unter diesen Umständen die Ausgaben für die teuren Beschleunigerlaboratorien? Am Ende dieses Buchs habe ich verschiedene Antworten auf die erste Frage zusammengestellt; ich begründe dort auch eine positive Antwort auf die zweite Frage. Hier möchte ich mich lediglich auf zwei Bemerkungen beschränken.

Zum ersten ermöglichte erst die Untersuchung der seltsamen, der charm-geladenen und der anderen Teilchen der zweiten und dritten Generation die Aufklärung der Quarkstruktur der gewöhnlichen Nukleonen. Die Idee von der Existenz der Quarks kam tatsächlich erst bei der experimentellen Untersuchung der seltsamen Teilchen auf, und die endgültige Bestätigung für die Existenz der Quarks gab das Charmonium. Es ist daher keineswegs ausgeschlossen, daß die weiteren Experimente mit noch gewaltigeren Beschleunigern zur Aufdeckung und zum Verständnis sogar einer inneren Struktur der Quarks und Leptonen führen. Die Theoretiker haben hierfür verschiedene solcher Modelle parat, die zugleich auch eine Erklärung für das Auftreten der verschiedenen Generationen ermöglichen.

Zum anderen erlaubte es die Untersuchung solcher Prozesse, an denen Fermionen der zweiten und dritten Generation beteiligt sind, jene fundamentalen Kräfte zu verstehen, die die Wechselwirkung nicht allein dieser, sondern auch der Fermionen der ersten Generation beherrscht. Ohne die zahllosen Experimente des letzten Jahrzehnts, vor allem ohne die Experimente an den großen Collidern, hätte man die Existenz der Gluonen nicht nachweisen können; die Gluonen aber sind es, die die Quarks in den gewöhnlichen Kernen der gewöhnlichen Atome aneinander binden. Ein anderes Beispiel, das im nächsten Abschnitt ausführlich behandelt wird, ist die Struktur der schwachen Wechselwirkung. Über die Natur dieser fundamentalen Kraft konnte man viel aus der Untersuchung der Quarks und Leptonen aller drei Generationen lernen. Die Untersuchungen kulminierten im Jahre 1983 in der Entdeckung der sogenannten intermediären Vektorbosonen W^+, W^- und Z^0, der Anregungsquanten des schwachen Kraftfeldes.

Zerfälle von Leptonen und Quarks

Bei den starken und elektromagnetischen Wechselwirkungen werden Quarks und Antiquarks einer bestimmten Flavourladung immer nur paarweise erzeugt oder vernichtet. Wenn es daher nicht die schwache Wechselwirkung gäbe, dann bliebe die Flavourladung der Quarks und Leptonen bei allen Elementarprozessen erhalten und alle vierundzwanzig fundamentalen Fermionen wären stabil.

Wir haben schon weiter oben den β-Zerfall der Neutronen und die ihm verwandten thermonuklearen Reaktionen besprochen, in deren Verlauf Protonen und Elektronen der Sonne „verbrennen". Wir wollen nun untersuchen, wie diese und andere schwache Prozesse in der „Quarksprache" zu formulieren sind. Beginnen wir mit dem β-Zerfall des Neutrons. Wir erinnern daran, daß p = (uud) und n = (ddu) gilt. Daher geht beim β-Zerfall des Neutrons

$$n \to pe^- \bar{\nu}_e$$

ein d-Quark in ein u-Quark über. Es findet ein β-Zerfall des d-Quarks statt:

$$d \to ue^- \bar{\nu}_e .$$

Wie man sich leicht überzeugen kann, fußt ganz analog die in der Sonne ablaufende Reaktion

$$pe^- p \to D\nu_e$$

(wir erinnern daran, daß D den Kern des schweren Wasserstoffs, also das Deuteron, bezeichnet) auf der Quark-Reaktion

$$ue^- \to d\nu_e .$$

Diesen letzten Prozeß kann man — freilich nur gedanklich — aus dem β-Zerfall des d-Quarks mittels der beiden folgenden Operationen erhalten:

(1) der Ersetzung eines Antiteilchens im Endzustand (im vorliegenden Fall $\bar{\nu}_e$) durch das zugeordnete Teilchen im Anfangszustand (im vorliegenden Fall ν_e);

(2) der Umkehrung der kleinen Pfeilspitzen an den Linien des Quarkdiagramms, d. h. der gegenseitigen Ersetzung von Anfangs- und Endzustand (Abb. 12).

Der physikalische Sinn der zweiten Operation ist klar. Man kann sie als Zeitumkehr bezeichnen, weil der Prozeß dann — wie bei einem rückwärts laufenden Kinofilm — nach der entgegengesetzten Richtung abläuft.

Die sich hinter der ersten Operation verbergende Gesetzmäßigkeit ist weniger offensichtlich. Wir verweilen hier, um eine ausführliche Erklärung dieser Operation geben zu können. Sie spielt bei der theoretischen Untersuchung aller Prozesse, bei denen Elementarteilchen beteiligt sind, eine wichtige, vielleicht sogar die bestimmende Rolle.

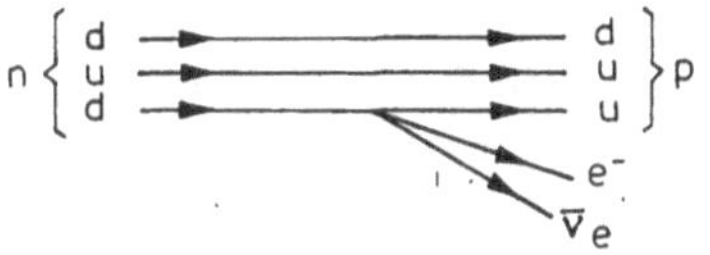

Abb. 12. β-Zerfall des Neutrons im Quarkmodell

Wie kompliziert die in der Natur ablaufenden Prozesse auch immer sein mögen, so kann man sich doch stets davon überzeugen, daß die Erhaltungssätze der elektrischen, der baryonischen und anderer möglicher Ladungen erfüllt sind. Das gilt natürlich auch für solche Prozesse, die wir bisher nicht explizite betrachtet haben, insbesondere aber für jene, bei denen die Emission (Absorption) eines beliebigen Teilchens des Prozesses durch die Absorption (Emission) des entsprechenden Antiteilchens ersetzt wurde. Diese „Algebra der Antiteilchen" (das Umsetzen eines Teilchens von der einen Seite der die Reaktion charakterisierenden „Gleichung" auf die andere und die gleichzeitige Umkehrung der Vorzeichen aller seiner Ladungen) basiert auf der Tatsache, daß alle Ladungen eines Teilchens und seines zugeordneten Antiteilchens einander entgegengesetzte Vorzeichen haben. Diese „Algebra" leitet sich aus den Grundprinzipien der Quantenfeldtheorie ab, die ihrerseits das Fundament aller modernen Theorien der Elementarteilchen bildet. Man bestätigt sicher leicht, daß alle elektromagnetischen wie auch alle Quark-Gluon-Prozesse, die wir bisher betrachtet haben, dieser Algebra genügen.

Jedoch ist die Erhaltung aller Ladungen noch nicht ausreichend, damit dieser oder jener Prozeß in der Natur auch tatsächlich ablaufen kann. Dafür ist noch notwendig (und dann auch hinreichend), daß bei dem Prozeß auch die anderen fundamentalen Erhaltungssätze erfüllt sind, z. B. die Erhaltung von Energie und

Impuls.[1]) Dabei hängt es stets von den konkreten Bedingungen ab, denen die miteinander wechselwirkenden Teilchen unterliegen, ob diese Erhaltungssätze für den ins Auge gefaßten Prozeß erfüllt sind. Beispielsweise ist die Reaktion $e^-p \to n\nu_e$ für das Elektron und das Proton des Wasserstoffatoms verboten – und wir müssen der Natur danken, daß sie verboten ist –, weil das Neutron schwerer ist als Proton und Elektron zusammen. Man bedenke nur, wie eine Welt aussehen würde, in der die Lebensdauer eines Wasserstoffatoms lediglich nach Sekunden zählt!

Andererseits findet die Reaktion $e^-p \to n\nu_e$ in verschiedenen Atomen statt! Ein Beispiel hierfür ist das instabile Isotop des Berylliums ($^7_4$Be). Der Kern dieses Atoms fängt ein Elektron aus der Atomhülle ein und wandelt sich dabei in das Isotop $^7_3$Li des Lithiums um. Der Grund hierfür ist, daß das Atom mit dem Kern $^7_3$Li leichter ist als das Atom mit dem Kern $^7_4$Be. Analog verhält es sich auch mit der thermonuklearen Reaktion $pep \to D\nu_e$: Die Masse des Deuterons ist kleiner als die Summe der Massen zweier Protonen und eines Elektrons.

Aus dem Gesagten folgt, daß die Reaktion

$$e^-p \to n\nu_e$$

dann abläuft, wenn auf ein Wasserstofftarget ein Strahl von Elektronen einfällt, deren Energie die Reaktionsschwelle jenes Prozesses überschreitet. Genauso muß auch die Reaktion

$$\bar{\nu}_e p \to e^+ n$$

ablaufen, wenn die Energie der Antineutrinos $\bar{\nu}_e$ den Wert $(m_n - m_p + m_e) \cdot c^2$ überschreitet. Diese Reaktion wird tatsächlich beobachtet, sowohl in niederenergetischen Antineutrinostrahlen an Kernreaktoren als auch in hochenergetischen Antineutrinostrahlen an Beschleunigern. Was die Reaktion

$$\nu_e n \to e^- p$$

anbelangt, so wird sie nicht an freien Neutronen beobachtet (tatsächlich gibt es keine hinreichend dichten Targets, die aus freien Neutronen bestehen). Die Reaktion findet aber an Neu-

---

[1]) In der Physik muß alles, was nicht ausdrücklich verboten ist, mit Notwendigkeit ablaufen. Die folgerichtige Anwendung dieses Prinzips erlaubt es, viele Erscheinungen zu verstehen und Ordnung in die verwirrende, kaleidoskopische Welt der Reaktionen und Zerfälle der Elementarteilchen zu bringen. So kehrt kraft dieses Prinzips das Atom aus einem angeregten in den Grundzustand zurück!

tronen statt, die im Kern des Deuteriums oder in noch schwereren Kernen gebunden sind.

Mit den „Werkzeugen" der Zeitumkehr und der Antiteilchenalgebra kann man leicht zahlreiche Quarkprozesse angeben, die mit dem β-Zerfall des d-Quarks, $d \to u e^- \nu_e$, verwandt sind. Ein Beispiel ist die Umwandlung eines Quark-Antiquark-Paares in ein Lepton-Antilepton-Paar:

$$d\bar{u} \to e^-\bar{\nu}_e \quad \text{oder} \quad u\bar{d} \to e^+\nu_e \quad \text{usf.}$$

Der erste dieser Prozesse ist für den Zerfall $\pi^- \to e^-\bar{\nu}_e$ und der zweite für den Zerfall $\pi^+ \to e^+\nu_e$ verantwortlich (Abb. 13 und 14).

Abb. 13. Quarkdiagramm des Zerfalls $\pi^- \to e^-\bar{\nu}_e$

Abb. 14. Quarkdiagramm des Zerfalls $\pi^+ \to e^+\nu_e$

Wir sehen also, daß die schwache Wechselwirkung des Quarkpaares ud mit dem Leptonpaar $\nu_e e$ einer ganzen Klasse von Prozessen zugrunde liegt. In gleicher Weise wechselwirkt das Quarkpaar ud auch mit den beiden anderen Leptonpaaren $\nu_\mu\mu$ und $\nu_\tau\tau$. Als Beispiel mögen hier die Zerfälle

$$\pi^+ \to \mu^+\nu_\mu, \qquad \tau^+ \to \pi^+\bar{\nu}_\tau$$

Abb. 15. Quarkdiagramm des Zerfalls $\pi^+ \to \mu^+\nu_\mu$

(Abb. 15 und 16) und die Reaktion des Myon-Einfangs im Wasserstoff,

$$\mu^- p \to n\nu_\mu,$$

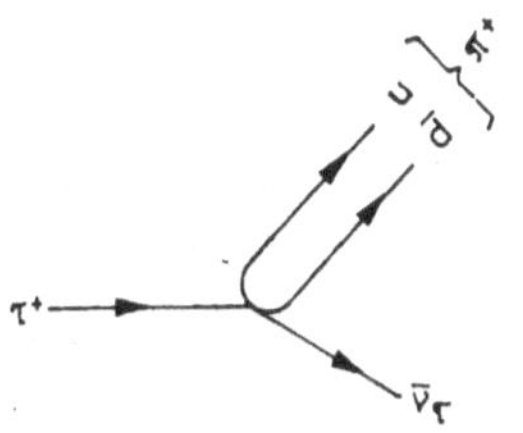

Abb. 16. Quarkdiagramm des Zerfalls $\tau^+ \to \pi^+\bar{\nu}_\tau$

(Abb. 17) dienen. Man beachte übrigens, daß jedes geladene Lepton seinem Neutrino „treu“ ist.

Beim Übergang zu anderen Quarkpaaren könnte man erwarten, daß die Quarks, ähnlich den Leptonen, schwache Übergänge lediglich innerhalb ihrer Generation vollziehen. Wenn dem tatsächlich so wäre, dann würden an der schwachen Wechselwirkung nur die drei Quarkpaare ud, cs und tb teilnehmen. Dann müßten aber das s-Quark und das b-Quark stabil sein, weil das s-Quark viel

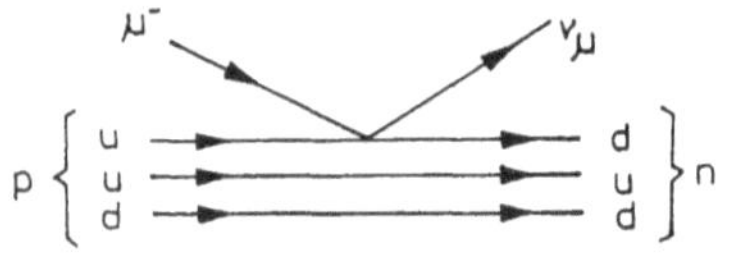

Abb. 17. Quarkdiagramm des Myoneinfangs $\mu^- p \rightarrow n\nu_\mu$

leichter als das c-Quark, und das b-Quark viel leichter als das t-Quark ist. Das jedoch würde bedeuten, daß sowohl die seltsamen Teilchen als auch jene Hadronen stabil sein müßten, die b-Quarks enthalten. Wir wissen aber, daß dies in Wirklichkeit nicht zutrifft. Im Gegenteil, es existieren zahlreiche schwache Prozesse, bei denen Quarks der einen Generation in Quarks einer anderen Generation übergehen; dieser Sachverhalt ist in Abb. 18 skizziert. In dieser Skizze bezeichnen die durchgezogenen Linien die im Versuch beobachteten „schwachen Paare“ von Leptonen und Quarks, während die gestrichelten Linien jene Paare bezeichnen, deren Wechselwirkung bislang noch nicht beobachtet werden konnte.

An der schwachen Wechselwirkung sollten daher insgesamt drei Paare von Leptonen und neun Paare von Quarks beteiligt sein. Dabei charakterisiert die Wechselwirkung eines Lepton- und

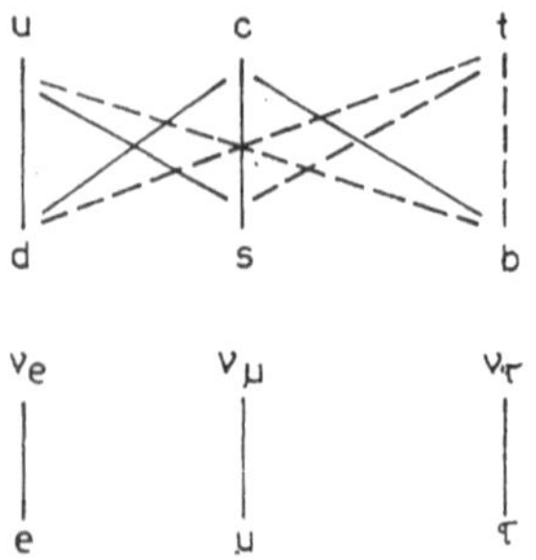

Abb. 18. Die drei Generationen von Leptonen und Quarks. Die Linien bezeichnen die drei „schwachen Paare“ von Leptonen und die neun „schwachen Paare“ von Quarks

eines Quarkpaares eine Vielzahl von Lepton-Hadron-Reaktionen und -Zerfällen. Ergänzend führen wir einige weitere Beispiele von Zerfällen an, bei denen sowohl Leptonen als auch Hadronen teilnehmen (man bezeichnet sie daher als semileptonische Zerfälle):

$K^+ \to \mu^+\nu_\mu$, $\Lambda \to pe^-\bar{\nu}_e$, $F^+ \to \tau^+\nu_\tau$, $\tau^+ \to K^+\pi^0\nu_\tau$ usf.

Neben den Lepton-Hadron-Prozessen sollten auch rein leptonische Prozesse existieren (einige Beispiele sind in Abb. 19 angeführt); tatsächlich finden diese Prozesse, genauso wie die rein

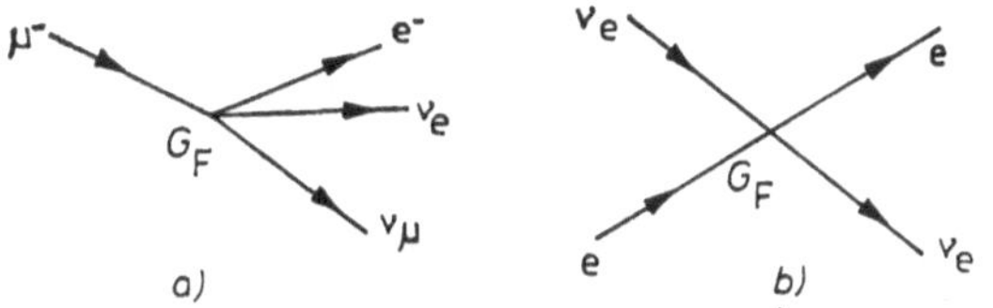

Abb. 19. Zwei Beispiele rein leptonischer schwacher Prozesse: a) Zerfall des Myons, b) Streuung des Elektronneutrinos am Elektron. An jedem dieser Prozesse sind vier Fermionen beteiligt, deren gegenseitige Wechselwirkung durch die Fermi-Konstante G_F charakterisiert ist.

hadronischen (oder nichtleptonischen) Prozesse, in der Natur statt. Beispiele für die letztgenannten schwachen Wechselwirkungen zwischen Quarkpaaren sind

(ud) (du) oder (ud) (cs) oder (cs) (bc).

Beispiele nichtleptonischer Zerfälle, die sich aus der Wechselwirkung (du) (us) ableiten, sind (Abb. 20)

$K^+ \to \pi^+\pi^0$, $\Lambda \to p\pi^-$.

Wie man leicht nachrechnet, ergeben sich aus 12 „schwachen Paaren" insgesamt $12 \cdot (12 + 1)/2 = 78$ verschiedene Wechselwirkungskombinationen, von denen jede — ähnlich der Wechselwirkung (ud) ($e\nu_e$) — eine ganze Anzahl verschiedener Prozesse beherrscht.

Die Gesamtheit dieser 78 Wechselwirkungen konnte bisher noch nicht beobachtet werden: An 33 von ihnen ist das bisher noch nicht entdeckte t-Quark beteiligt, und in einer Reihe prinzipiell möglicher Fälle gibt es entweder keine geeigneten Targets

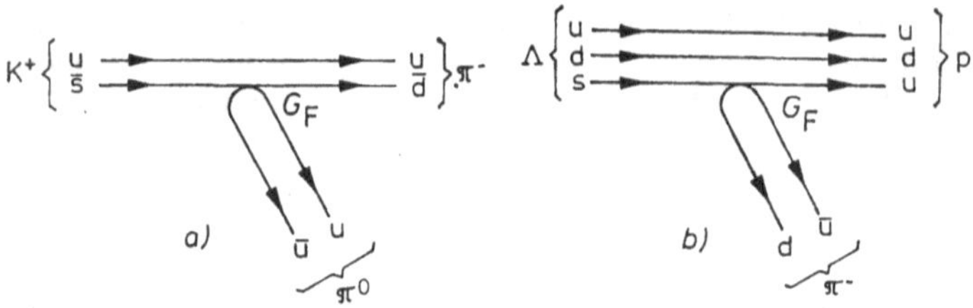

Abb. 20. Zwei Beispiele von Quarkdiagrammen, die rein hadronische schwache Prozesse beschreiben: a) Kaon-Zerfall $K^+ \to \pi^+\pi^0$, b) Lambda-Zerfall $\Lambda \to p\pi^-$. Die durch die Fermi-Konstante G_F charakterisierte Vier-Fermion-Wechselwirkung erfolgt zwischen den Quarks

oder keine geeigneten Teilchenstrahlen, z. B. im Falle der Wechselwirkung $(\nu_\tau\tau)(\tau\nu_\tau)$. Jedoch in all jenen Fällen, wo die vorhergesagte Wechselwirkung experimentell zugänglich war, wurde sie auch stets beobachtet.

Alle unterschiedlichen schwachen Prozesse kommen mit einer einzigen fundamentalen Konstante aus; sie wird als Kopplungskonstante der 4-Fermion-Wechselwirkung oder Fermikonstante G_F bezeichnet. In SI-Einheiten hat sie den Wert $G_F = 1{,}4 \cdot 10^{-62}\,\mathrm{Jm}^3$. Es ist jedoch lehrreicher, G_F in Elektronvolt (unter Beachtung der richtigen Faktoren $\hbar$ und c) anzugeben:

$$G_F \approx 1{,}2 \cdot 10^{-5}\hbar^3c^3\,(\mathrm{GeV})^{-2}.$$

Die Wahrscheinlichkeit aller schwachen Reaktionen und aller schwachen Zerfälle ist proportional zu G_F^2. Beispielsweise hängt die Lebensdauer des Myons τ_μ mit G_F und der Myonmasse m_μ auf folgende Weise zusammen:

$$\frac{1}{\tau_\mu} = \frac{G_F^2 m_\mu^5 c^4}{192\,\pi^3 \cdot \hbar^7}.$$

Je größer die Energie ist, die bei einem Zerfall frei wird, desto schneller findet der Zerfall statt. So ist die Lebensdauer jener Teilchen, die schwerer sind als das Myon, also etwa das τ-Lepton, das c- oder das b-Quark, um sechs bis sieben Ordnungen kleiner als die des Myons. Andererseits lebt das Neutron milliardenmal länger als das Myon. Als grobe Faustregel kann man davon ausgehen, daß die Wahrscheinlichkeit eines schwachen Zerfalls mit der fünften Potenz der bei dem Prozeß freigesetzten Energie wächst. In den Zerfällen des τ-Leptons, des c- und des b-Quarks geht praktisch die gesamte Masse in kinetische Energie der Zerfallsprodukte über. Die Energiefreisetzung ist daher sehr groß. Beim Zerfall des Neutrons beträgt die freigesetzte Energie lediglich 0,8 MeV; daher lebt das Neutron so lange.

Virtuelle Teilchen

Weshalb wechselwirkt eigentlich jedes „schwache Paar“ mit jedem anderen? Auf eine Antwort zu dieser Frage führt uns wieder einmal (wie oft eigentlich noch?) die Analogie zur Elektrodynamik.

Versuchen wir daher, die folgende Frage zu beantworten: Warum wird das Elektron am Proton gestreut? Die Begründung ist sehr einfach: Weil jedes dieser beiden geladenen Teilchen ein elektromagnetisches Feld erzeugt, mit Hilfe dessen es auf das andere Teilchen einwirkt. Die Wechselwirkung wird durch Photonen ermittelt. Die Streuung eines freien Elektrons an einem freien Photon mit Übertragung von Energie und Impuls kann man auf folgende Weise beschreiben. Eines dieser Teilchen, sagen wir das Elektron, emittiert ein Photon, und das andere Teilchen, also das Proton, absorbiert es. Allerdings ist das zwischen Elektron und Proton ausgetauschte Photon kein gewöhnliches, freies Photon. Um dies einzusehen, betrachten wir die Emission eines Photons durch ein Elektron, das sowohl vor als auch nach dem Emissionsakt frei ist. Wendet man nun auf diesen elementaren „Subprozeß“ das Gesetz der Erhaltung von Energie und Impuls an, so erkennt man leicht, daß die Energie dieses emittierten Photons nicht gleich dem Impuls (multipliziert mit der Lichtgeschwindigkeit c) ist, wie das für freie Photonen obligatorisch ist. Dazu erinnern wir uns, daß für freie Teilchen mit der Masse m die Beziehung $E^2 - \boldsymbol{p}^2c^2 = m^2c^4$ erfüllt sein muß; für das Photon ist aber $m = 0$. Bei dem zwischen dem Elektron und dem Proton ausgetauschten Photon gilt dagegen $E^2 - \boldsymbol{p}^2c^2 < 0$. Am einfachsten sieht man dies ein, wenn man die e^-p-Streuung im Schwerpunktsystem betrachtet. In diesem System ändert sich die Energie des Elektrons (und folglich auch der Betrag des Impulses) nicht, lediglich die Richtung des Impulses ändert sich. Das Photon überträgt daher keine Energie, wohl aber einen von Null verschiedenen Impuls $\boldsymbol{p}$. Also gilt $E^2 - \boldsymbol{p}^2c^2 = -\boldsymbol{p}^2c^2 < 0$!

Photonen, für die die Ungleichung

$$E^2 - \boldsymbol{p}^2c^2 \neq 0$$

zutrifft, heißen virtuell. Der Terminus „virtuell“ bezeichnet in diesem Zusammenhang den Gegensatz zu „real“. Virtuelle Photonen vermögen sich von der sie emittierenden Quelle nur wenig zu entfernen, und zwar um so weniger, je größer ihre Virtualität (d. h. ihre Abweichung von der für freie Teilchen gültigen Gleichung $E^2 - \boldsymbol{p}^2c^2 = 0$) ist. Wenn in der unmittelbaren Nachbarschaft des Elektrons ein Proton vorbeifliegt, das das virtuelle Photon absorbieren kann, dann findet eine Streuung statt: Elektron und Photon ändern ihre Impulse. Prozesse, bei denen ein virtuelles Photon zwar emittiert, nicht aber von irgendeinem Teilchen absorbiert wird, finden per definitionem nicht statt.

Der Begriff der virtuellen Teilchen, d. h. solcher Teilchen, bei denen die Ungleichung

$$E^2 - \boldsymbol{p}^2c^2 \neq m^2c^4$$

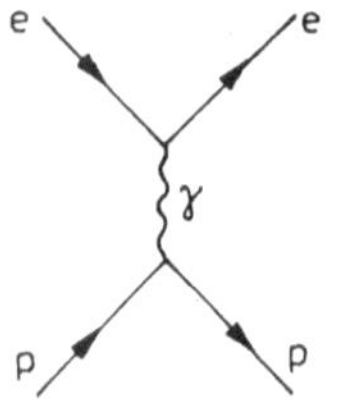

Abb. 21. Feynman-Diagramm der elastischen Streuung des Elektrons am Proton. Die Wellenlinie bezeichnet das virtuelle Photon

gilt, spielt in der Quantenfeldtheorie eine wichtige Rolle. Im Grunde genommen bestehen alle, auch die kompliziertesten Prozesse in der Emission, in der räumlichen Fortpflanzung und in der Absorption von realen und virtuellen Teilchen.

Für die theoretische Analyse der verschiedenen Prozesse ist die Sprache der sogenannten Feynman-Diagramme sehr bequem. Dabei werden reale Teilchen als „Strahlen“ dargestellt, die entweder aus dem Unendlichen kommen oder nach dem Unendlichen weglaufen; der Fortpflanzung virtueller Teilchen entspricht ein „Segment“, ein Linienzug, der andere Linien miteinander verbindet. Gewöhnlich werden Fermionen durch eine gerichtete Linie, Bosonen durch eine Wellenlinie bezeichnet (das ist aber keineswegs immer verbindlich). In Abb. 21 ist also die Streuung eines Elektrons an einem Proton unter Austausch eines Photons dargestellt. Abb. 22 gibt ebenfalls die Streuung eines Elektrons an einem Proton wieder, aber diesmal mit zusätzlicher Abstrahlung eines realen, sogenannten Bremsstrahlungs-Photons; der Impuls des

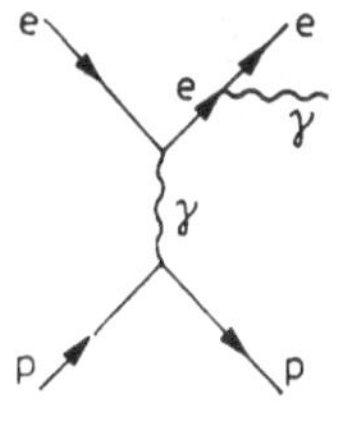

Abb. 22. Feynman-Diagramm der inelastischen Streuung des Elektrons am Proton, bei der ein „Bremsstrahlungs-Photon" emittiert wird. In diesem Diagramm erscheinen zwei virtuelle Teilchen: nicht nur ein virtuelles Photon, sondern auch ein virtuelles Elektron

Elektrons wird vermindert, das Elektron also „abgebremst". In dieser Skizze repräsentiert die zwischen der Emission des virtuellen und des realen Photons gelegene Elektronenlinie ein virtuelles Elektron. (Dies steht im Einklang mit dem oben begründeten Fakt, daß freie Elektronen niemals freie Photonen emittieren und nach diesem elementaren Subprozeß weiter im freien Zustand verharren können.)

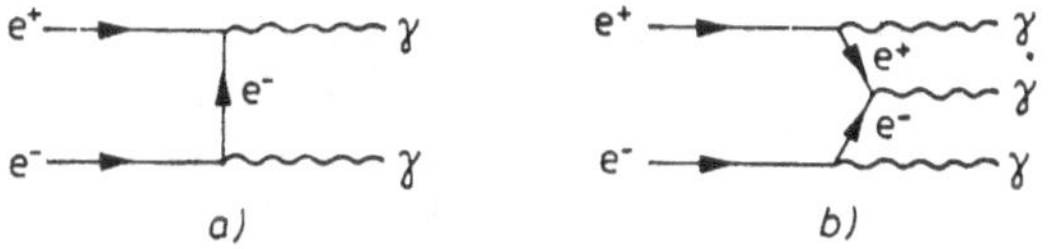

Abb. 23. Feynman-Diagramme, die die Annihilation eines Elektron-Positron-Paares a) in zwei Photonen und b) in drei Photonen beschreiben

Die Feynman-Diagramme der Abbn. 23 und 24 präsentieren einige Prozesse der Annihilation eines Elektron-Positron-Paares. In Abb. 23a) und b) wird der Prozeß der Annihilation in zwei bzw. drei Photonen beschrieben; hier erscheinen die Elektronen als virtuelle Teilchen. In Abb. 24 ist die Annihilation in ein Myon-Paar $\mu^+\mu^-$ dargestellt. Bei diesem Prozeß überträgt das virtuelle Photon keinen Impuls, wohl aber Energie. (Man erkennt dies wieder am besten im Schwerpunktsystem der beiden sich stoßenden Teilchen; die Summe der Impulse von Elektron und Positron ist in diesem Bezugssystem gleich Null.) Es gilt also $E^2 - \boldsymbol{p}^2c^2 = E^2 > 0$, d. h., das virtuelle Photon ist zeitartig.

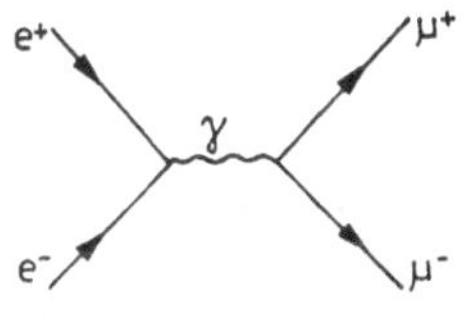

Abb. 24. Feynman-Diagramm, das die Annihilation eines Elektron-Positron-Paares in ein Myon-Paar beschreibt

Die Punkte eines Feynman-Diagramms, an denen mehrere Linien zusammentreffen, werden Vertizes genannt. Ein Vertex zusammen mit den in ihn einmündenden Linienenden heißt Vertexteil. Die Vertexteile eines Feynman-Diagramms beschreiben die Emission und Absorption von Teilchen, die Linien die Ausbreitung der Teilchen. Jeder Vertex ist durch eine bestimmte Größe charakterisiert, die im allgemeinen nicht dimensionslos ist und Wechselwirkungs- oder Kopplungskonstante genannt wird. Je kleiner diese Konstante ist, desto schwächer ist die betreffende Wechselwirkung.

Im Falle der schwachen Zerfälle und Reaktionen ist diese Kopplungskonstante, wie wir bereits wissen, gerade die Fermikonstante (siehe z. B. Abb. 19).

Im Falle der elektromagnetischen Prozesse ist diese Wechselwirkungskonstante die elektrische Ladung e. Gewöhnlich benutzt man allerdings anstelle der Ladung die dimensionale Größe $\alpha = e^2/\hbar c \approx 1/137$. Diese Größe wurde, wie wir bereits oben erwähnten, zu jener Zeit eingeführt, als man die Theorie der Atomspektren aufstellte; sie erhielt damals die Bezeichnung Feinstrukturkonstante. (Als Feinstruktur bezeichnet man die Aufspaltung der Atomniveaus, die von der Wechselwirkung des Spins des Elektrons mit seinem orbitalen Drehimpuls oder, genauer, von der Wechselwirkung der entsprechenden magnetischen Momente des Elektrons herrührt.) Die potentielle Energie der elektrostatischen Anziehung des Elektrons und des Protons, die dem Austausch virtueller Photonen entspricht (vgl. Abb. 21), ist durch

$$U(r) = -\frac{e^2}{r} = -\frac{\alpha \hbar c}{r}$$

gegeben. Das langsame „Abklingen“ der potentiellen Energie mit dem Abstand r (sie fällt lediglich proportional zu $1/r$) hängt damit zusammen, daß das Photon masselos ist. Man kann zeigen, daß das Potential, das dem Austausch „massiver Photonen“ entspricht, von der Gestalt

$$U(r) = -\frac{\alpha \hbar c}{r} \mathrm{e}^{-\frac{r}{\hbar/mc}}$$

ist; für $r > \hbar/mc$ fällt dieses Potential exponentiell ab. Derartige Potentiale werden nach dem japanischen Physiker H. Yukawa benannt. (Wir erinnern zugleich daran, daß $\hbar/mc$ gerade die Compton-Wellenlänge von Teilchen der Masse m ist).

Lenken wir unsere Aufmerksamkeit einmal darauf, daß die Effektivität des Potentials $U(r)$ mit wachsender Masse der Photonen (wenn es wirklich massive Photonen gäbe) jäh abfällt. Je größer die Masse des Photons wird, um so geringer werden die Abstände, um die es sich nach der Unbestimmtheitsrelation vom Atomkern entfernen kann, und um so geringer wird sein Einfluß auf die Elektronenhülle des Atoms. In der populärwissenschaftlichen Literatur werden virtuelle Teilchen gelegentlich mit einem Volleyball verglichen, der von den am Spiel beteiligten Sportlern „ausgetauscht" wird. Es scheint, daß dieses Gleichnis recht oberflächlich ist: Eine physikalische Anziehungskraft hat der Ball tatsächlich nicht. Wenn man den Vergleich allerdings ausweitet und dem Ball eine veränderliche Masse gibt, dann wird sofort klar, daß die effektiven Ausmaße des Volleyballplatzes mit zunehmender Masse des Balles immer kleiner werden. Mit einer Bleikugel spielt es sich schlecht!

Mit den Feynman-Diagrammen ist auch ein Rezept zur Berechnung der Wahrscheinlichkeit für das Auftreten der entsprechenden Prozesse verknüpft. Nach der Quantenmechanik bestimmt sich die Wahrscheinlichkeit eines Prozesses aus dem Quadrat des Absolutbetrages der sogenannten Prozeßamplitude, einer im allgemeinen Falle komplexen Größe. Die Feynman-Diagramme legen einen Algorithmus zur Berechnung dieser Amplitude fest: Jedes Element des Diagramms entspricht einem bestimmten Faktor. Den Linien der realen Teilchen entspricht die Wellenfunktion dieser Teilchen, den Vertizes korrespondiert die entsprechende Kopplungskonstante, und den Linien der virtuellen Teilchen entspricht die „Ausbreitungsfunktion", der sogenannte Propagator dieser Teilchen (engl. *propagate* = sich ausbreiten).

Der Propagator virtueller Photonen, die den vierdimensionalen Impuls q übertragen, hat die Gestalt

$$-1/q^2,$$

wobei $q^2 = q_0^2 - \boldsymbol{q}^2$ mit $q_0 = E/c$ gilt; hier ist E die vom Photon übertragene Energie, und $\boldsymbol{q}$ ist der vom Photon übertragene Impuls. Beachten wir, daß die Wahrscheinlichkeit eines Prozesses dem Quadrat seiner Amplitude proportional ist, dann können wir schlußfolgern, daß die Wahrscheinlichkeit für die Übertragung des Impulses q bei einer Streuung etwa eines Elektrons an einem Elektron wie $1/q^4$ abfällt.

Der Propagator virtueller Vektorbosonen mit der Masse m („schwerer Photonen"), die den vierdimensionalen Impuls q übertragen, hat die Gestalt

$$1/(m^2 - q^2).$$

Man beachte, daß der Propagator für $m^2 \gg |q^2|$ faktisch nicht vom Impuls abhängt und mit der konstanten Größe $1/m^2$ zusammenfällt.

Wir betrachteten den Austausch „sehr schwerer Photonen", damit wir künftig bei der Behandlung der schwachen Wechselwirkung auf diesen Fall zurückgreifen können. Die schwache Wechselwirkung erfolgt, wie im Jahre 1983 experimentell endgültig nachgewiesen werden konnte, vermöge des Austauschs sehr schwerer Vektorteilchen. In gleicher Weise, wie alle elektromagnetischen Wechselwirkungen zwischen Quarks und Leptonen durch den Austausch virtueller Photonen erfolgen, können alle schwachen Wechselwirkungen zwischen den Quarks und Leptonen durch den gegenseitigen Austausch der schweren intermediären Bosonen W^+, W^- und Z^0 erklärt werden. Wir betrachten den vereinfachten, in der Natur nicht vorkommenden Fall des massiven Photons eben deshalb, um uns seiner bei der Erörterung der massiven intermediären Bosonen bedienen zu können.

Ströme

Um im folgenden mehr oder weniger verständlich über die Emission und Absorption intermediärer Bosonen berichten zu können, ist es unumgänglich, noch einen weiteren Terminus, und zwar den des Stromes, einzuführen. Eigentlich haben wir es im Rahmen dieses Buches bereits seit langem mit Strömen zu tun, wenn dies auch nicht so recht deutlich wurde. Es begann damit, daß wir die Emission und Absorption von Photonen bzw. die Wechselwirkung des Elektrons mit dem elektromagnetischen Feld betrachteten. Mit den colourgeladenen Strömen hatten wir es zu tun, als wir die Emission und Absorption von Gluonen besprachen, und die schwachen Ströme standen im Hintergrund, als wir die Äußerungen der „Antiteilchen-Algebra" der schwachen Wechselwirkung diskutierten.

Im Grunde genommen ist der gesamte Entwicklungsprozeß der Physik ein Prozeß des Herauskristallisierens immer abstrakterer, dem unmittelbaren und alltäglichen Umgang immer entfernterer Begriffsbildungen, die aber einer adäquaten Beschreibung der Natur immer besser gerecht werden. Die Begriffe der Ladung (nicht unbedingt der elektrischen Ladung) und des Stromes erweisen sich als zwei der fundamentalen Begriffe der gegenwärtigen Physik. Es ist unmöglich, den Sinn dieser Begriffe in vollem Umfang zu erklären, ohne auf die mathematische Sprache der Quantenfeldtheorie zurückzugreifen. Der Leser kann jedoch versuchen, ihren Gebrauch auch ohne ein volles Verständnis zu erlernen.

Beginnen wir mit dem elektromagnetischen Strom. Für ein erstes Kennenlernen reicht es aus zu sagen, daß der elektromagnetische Strom eine sich bewegende elektrische Ladung ist; das fällt fast mit dem Begriff des elektrischen Stromes zusammen, wie er üblicherweise gebraucht wird. Für uns ist es aber wichtig, daß der elektromagnetische Strom die Quelle von Photonen ist. In der Sprache der Feynman-Diagramme entspricht dem elektromagnetischen Strom der Elektronen derjenige Teil des Elektron-Photon-Vertex (Abb. 25a)), der nur die Elektronenlinien enthält (siehe Abb. 25b)).

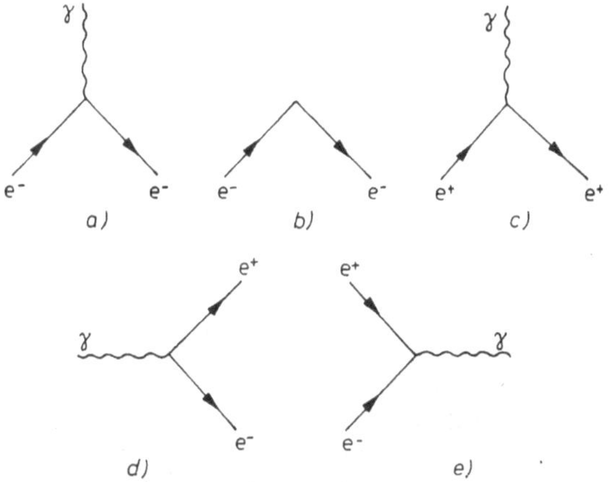

Abb. 25. Teile von Feynman-Diagrammen, die die Emission und Absorption eines Photons durch ein Elektron (a)) bzw. durch ein Positron (c)) sowie die Erzeugung eines e^+e^--Paares durch ein Photon (d)) und die Annihilation eines e^+e^--Paares in ein Photon (e)) beschreiben.
In Abb. b) ist der dem elektromagnetischen Strom korrespondierende Teil der Abb. a) wiedergegeben

Die Elektronenlinien des elektromagnetischen Stromes entsprechen jedoch nicht allein der Emission und Absorption von Photonen durch Elektronen, sondern auch durch Positronen (Abb. 25c)). Darüber hinaus entsprechen sie der Erzeugung und Annihilation eines Elektron-Positron-Paares in den Vertizes der Abb. 25d) und e). Grundsätzlich korrespondiert der elektromagnetische Strom allen möglichen Elektron-Positron-Übergängen, allen Wechselwirkungen der Elektronen und Positronen mit realen und virtuellen Photonen. Das Gleiche gilt vom elektromagnetischen Strom der Myonen und Tauonen, der Quarks und aller zugeordneten Antiteilchen. Alle elektromagnetischen Wechselwirkungen der Leptonen und Quarks kann man gemeinsam aufschreiben, und zwar als Wechselwirkung des Photons mit dem totalen elektromagnetischen Strom j^{em}. Die Wechselwirkungskonstante ist dabei die elektrische Ladung. Dieser elektromagnetische Strom hat die Gestalt

$$j^{\mathrm{em}} = \bar{e}e + \bar{\mu}\mu + \bar{\tau}\tau + \frac{1}{3}\bar{d}d + \frac{1}{3}\bar{s}s + \frac{1}{3}\bar{b}b - \frac{2}{3}\bar{u}u - \frac{2}{3}\bar{c}c - \frac{2}{3}\bar{t}t.$$

Die gebrochenen Zahlen geben das Verhältnis der entsprechenden Quarkladungen zur Ladung des Elektrons an.

Dieser Ausdruck für den elektromagnetischen Strom ist stark vereinfacht. In Wirklichkeit ist ein Strom ein vierdimensionaler Vektor und hat also vier Komponenten:

$$j_{\mu}^{\mathrm{em}} \ (\mu = 0, 1, 2, 3).$$

Für ein ruhendes Elektron ist lediglich eine, und zwar die zeitliche Komponente des Stromes j_0, von Null verschieden; für ein bewegtes Elektron sind alle vier Komponenten von Null verschieden.

Bedauerlicherweise sind diese Bemerkungen für einen Leser, der nicht im geringsten mit der Quentenelektrodynamik vertraut ist, nur schlecht zu verstehen. Der Umstand, daß der elektromagnetische Strom ein vierdimensionaler Vektor ist, erweist sich jedoch als zu wichtig, daß man ihn einfach schweigend übergehen könnte. Man erinnere sich übrigens, daß das Photon ein Vektorteilchen ist! Und Vektorteilchen können selbstverständlich nur von Vektorströmen emittiert und absorbiert werden. Etwas genauer werden wir auf diesem Zusammenhang weiter unten noch eingehen.

Ergänzend bemerken wir noch, daß jeder der verschiedenen Quarkströme als Summe über die drei möglichen Colourladungen aufzufassen ist:

$$\bar{u}u = \bar{u}_r u_r + \bar{u}_g u_g + \bar{u}_b u_b,$$

$$\bar{c}c = \bar{c}_r c_r + \bar{c}_g c_g + \bar{c}_b c_b, \text{ usf.}$$

Das Photon ist nämlich „farbenblind“ und kann die Colourladungen nicht unterscheiden. Somit gehen alle Teilchen, bis auf die Faktoren 1/3 und −2/3, ganz analog in den elektromagnetischen Strom ein. Folglich können wir das physikalische Wesen des Stromes am Beispiel eines einzigen seiner beitragenden Teile, sagen wir des ersten Summanden $\bar{e}e$, erläutern.

Welchen Sinn haben in diesem Ausdruck die Symbole e und $\bar{e}$? Diese Symbole bezeichnen sogenannte Operatoren, die in der Quantenfeldtheorie die Prozesse der Erzeugung und Vernichtung von Teilchen und Antiteilchen beschreiben. So vernichtet der Operator e ein Elektron, während $\bar{e}$ ein Elektron erzeugt. Auf diese Weise vernichtet der Stromoperator $\bar{e}e$ ein „altes“ Elektron, und, sozusagen im Handumdrehen, erzeugt er ein „neues“ Elektron in einem anderen Zustand. („Der König ist tot, es lebe der König!“) Die Operatoren e und $\bar{e}$ haben jedoch nicht nur diese eine, sondern noch eine weitere Pflicht zu erfüllen: Dem Operator e obliegt nicht nur die Vernichtung eines Elektrons, sondern auch die Erzeugung eines Positrons, und dem Operator $\bar{e}$ obliegt neben der Erzeugung eines Elektrons noch die Vernichtung eines Positrons. Hieraus erklären sich auch die oben bereits beschriebenen Eigenschaften der „Antiteilchen-Algebra“. Daraus resultiert auch die Möglichkeit, Positronen in der Sprache der Feynman-Diagramme so zu behandeln, als seien es Elektronen, die sich „in der Zeit rückwärts“ bewegen (in Abb. 23a) und b) kann jedes der virtuellen Elektronen e^- in ein virtuelles Positron e^+ umgewandelt werden, wenn der Pfeil umgekehrt wird).

Wir haben bisher den elektromagnetischen Strom der Leptonen und Quarks behandelt. Völlig analog sind der Colour- und der schwache Strom aufgebaut.

Farbige Quarkströme, die der Emission und Absorption von Gluonen durch die Quarks entsprechen, haben selbstverständlich einen entsprechenden Colourindex; der Wert dieses Index hängt davon ab, welches der acht Gluonen emittiert oder absorbiert wird. Beispielsweise verwandelt der Strom $\bar{u}_g u_r$ ein rotes u-Quark in ein gelbes u-Quark, wobei entweder ein rot-antigelbes Gluon $g_{r\bar{g}}$ emittiert oder ein gelb-antirotes Gluon $g_{g\bar{r}}$ absorbiert wird. Der gleiche Strom beschreibt aber auch die Umwandlung eines antigelben Antiquarks in ein antirotes Antiquark, die Erzeugung eines Paares „gelbes Quark + antirotes Antiquark" und die Annihilation eines Paares „antigelbes Antiquark + rotes Quark".

Die schwachen Ströme sind, genauso wie der elektromagnetische Strom, farblos, d. h., sie ergeben sich als Summe über die drei Colourindizes der Quarks. Im Grunde genommen führten wir die schwachen Ströme bereits im Abschnitt „Zerfälle der Quarks und Leptonen" ein, als wir über die „schwachen Paare" von Leptonen und die „schwachen Paare" von Quarks sprachen. Jedes dieser Paare entspricht zwei zueinander konjugierten Strömen; wir bezeichnen sie als positive und negative Ströme. Dem Teilchenpaar $e\nu_e$ entsprechen zum Beispiel die Ströme $\bar{\nu}_e e$ und $\bar{e}\nu_e$. Der erste dieser Ströme, $\bar{\nu}_e e$, beschreibt die Umwandlung eines Elektrons in ein Antineutrino (und eines Antineutrinos in ein Positron) bei gleichzeitiger Absorption eines W^+-Bosons oder Emission eines W^--Bosons; er beschreibt aber auch die Umwandlung eines W^+ in das Paar $e^+\nu_e$ und die Umwandlung des Paares $e^-\bar{\nu}_e$ in W^- (Abb. 26) Der zweite Strom beschreibt die dazu ladungskonjugierten Prozesse (Abb. 27).

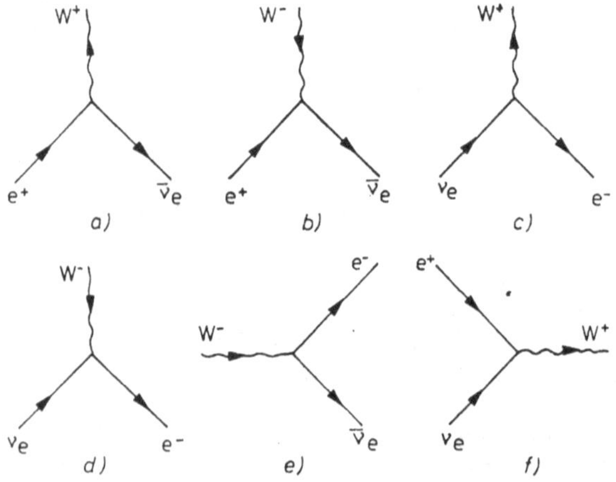

Abb. 26. Vertex-Teile von Feynman-Diagrammen, die die Emission von W^--Bosonen und die Absorption von W^+-Bosonen durch den schwachen positiven Strom $\bar{\nu}_e e$ beschreiben

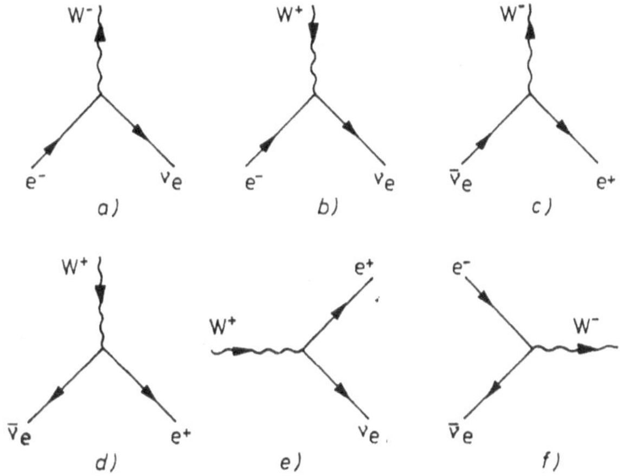

Abb. 27. Vertex-Teile von Feynman-Diagrammen, die die Emission von W^+-Bosonen und die Absorption von W^--Bosonen durch den schwachen negativen Strom $\bar{e}\nu_e$ beschreiben

Insgesamt besteht der positive Strom, der der Absorption eines positiven W-Bosons entspricht, aus zwölf Summanden: drei leptonischen und neun Quarkstömen. Das gleiche gilt vom negativen schwachen Strom. Die Bezeichnung positiver und negativer Strom ist in der Fachliteratur nicht gebräuchlich; wir führten diese Begriffsbildung deshalb ein, um unsere Darstellung klarer zu machen. In der Literatur spricht man gewöhnlich vom geladenen Strom und dem dazu konjugierten Strom; dabei versteht man unter dem erstgenannten unseren negativen, und unter dem letztgenannten unseren positiven Strom. Folglich lassen sich alle bisher beschriebenen schwachen Prozesse so charakterisieren: Der geladene schwache Strom wechselwirkt mit seinem ladungskonjugierten Strom vermöge des Austauschs virtueller $W^\pm$-Bosonen.

Die Unterschiede zwischen den leptonischen und den Quarkströmen werden durch das Schema in Abb. 18 veranschaulicht. Man versteht diese Unterschiede aber viel besser, wenn man zu ihrer Illustration die Abbn. 28 und 29 heranzieht.

Der schwache leptonische Strom kann als Summe der Skalarprodukte der in Abb. 28a) und b) abgebildeten Einheitsvektoren dargestellt werden. Wie aus Abb. 28 ersichtlich ist, sind die

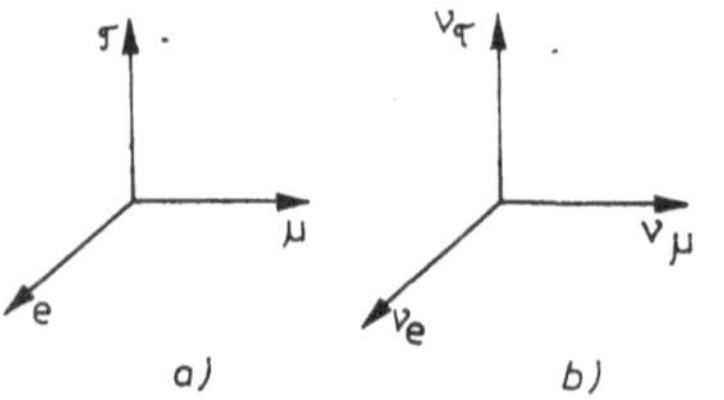

Abb. 28. Dreibein a) der drei geladenen Leptonen und b) der drei Neutrinos. Die schwachen leptonischen Ströme entsprechen den Skalarprodukten der beiden Dreibeine a) und b); da die Lepton-Dreibeine a) und b) orthogonal zueinander stehen, gibt es lediglich drei negative leptonische Ströme ($\bar{e}\nu_e$, $\bar{\mu}\nu_\mu$, $\bar{\tau}\nu_\tau$) und drei positive leptonische Ströme ($\bar{\nu}_e e$, $\bar{\nu}_\mu \mu$, $\bar{\nu}_\tau \tau$)

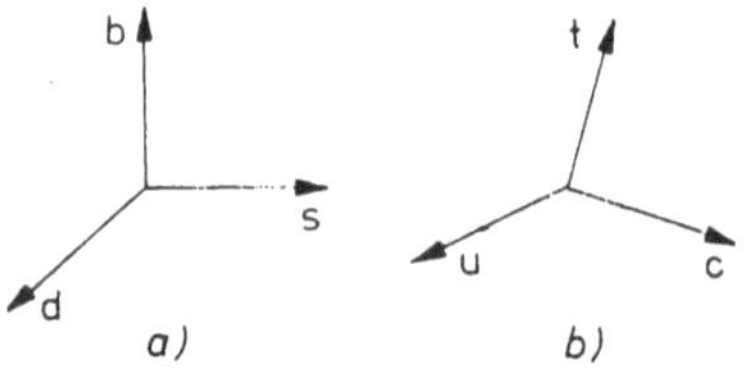

Abb. 29. Dreibein a) der drei Quarks mit der Ladung −1/3 und b) der drei Quarks mit der Ladung 2/3. Die schwachen Quarkströme entsprechen den Skalarprodukten der Dreibeine a) und b); da die Quarkdreibeine a) und b) gegeneinander verdreht sind, gibt es neun negative schwache Quarkströme ($\bar{d}u$, $\bar{s}u$, $\bar{b}u$, $\bar{d}c$, $\bar{s}c$, $\bar{b}c$, $\bar{d}t$, $\bar{s}t$, $\bar{b}t$) und neun positive Quarkströme

den Neutrinos zugeordneten Einheitsvektoren parallel zu den Einheitsvektoren der entsprechenden geladenen Leptonen und stehen folglich senkrecht zu den beiden verbleibenden Einheitsvektoren. Der leptonische Strom besteht daher nur aus drei Gliedern.

Der schwache Quarkstrom kann ebenfalls als Summe der Skalarprodukte der in Abb. 29a) und b) abgebildeten Einheitsvektoren dargestellt werden. Entsprechend Abb. 29 ist das Dreibein der Einheitsvektoren der „oberen" Quarks (u, c, t) gegenüber dem Dreibein der Einheitsvektoren der „unteren" Quarks (d, s, b) verdreht. Darum besteht der Quarkstrom aus neun Gliedern. Die verschiedenen Koeffizienten, die zu jedem dieser neun Glieder gehören, sind kleiner als die Koeffizienten der leptonischen Ströme.

(Die entsprechenden Werte für den Cosinus des jeweils eingeschlossenen Winkels sind kleiner Eins!) Diese Koeffizienten bestimmen die relative Stärke der verschiedenen schwachen Quark-Quark- und Quark-Lepton-Wechselwirkungen.

Durch Vergleich der Wahrscheinlichkeiten für das Auftreten der verschiedenen schwachen Prozesse kann man experimentell die Werte der Winkel bestimmen, die die relative Lage der beiden Dreibeine in Abb. 29a) bzw. b) festlegen. Die Versuche weisen darauf hin, daß diese Orientierung so ist, wie dies in der Skizze angedeutet wurde: Das u-Quark „zieht es vor" in ein d-Quark überzugehen, und nicht in ein s- oder b-Quark; das c-Quark zieht es vor, in ein s-Quark überzugehen, d. h., die c-Richtung ist fast parallel zur s-Richtung. Hieraus läßt sich schließen, daß, obwohl das t-Quark noch nicht entdeckt wurde, dieses Quark bei schwachen Prozessen vorzugsweise in ein b-Quark übergehen sollte, d. h., die t- und die b-Richtung sollten einander fast parallel sein.

C-, P-, T-Symmetrie

Von einem allgemeineren Standpunkt aus ist die schwache Wechselwirkung sehr viel mächtiger als ihre „stärkeren" Brüder, die elektromagnetische und die starke Wechselwirkung. Nur die schwache Wechselwirkung kann nämlich die Flavourladung der Quarks und der Leptonen verändern. Nur sie kann drei sogenannte diskrete Symmetrien brechen:

- die Symmetrie bezüglich Ladungskonjugation, d. h. bezüglich der Ersetzung aller Teilchen eines Prozesses durch die entsprechenden Antiteilchen (diese Symmetrie wird mit C bezeichnet; engl. *charge* = Ladung),
- die Symmetrie bezüglich räumlicher Spiegelung, d. h. bezüglich der Ersetzung aller physikalischen Größen eines Prozesses durch die räumlich gespiegelten Größen (diese Symmetrie wird mit P bezeichnet; engl. *parity* = Parität),
- die Symmetrie bezüglich Zeitumkehr, d. h. bezüglich der Ersetzung irgendeines Prozesses durch den zeitlich in umgekehrter Richtung ablaufenden Prozeß (diese Symmetrie wird mit T bezeichnet; engl. *time* = Zeit).

Bis zum Jahre 1956 betrachteten die Physiker diese drei Symmetrien, zusammen mit der Homogenität und Isotropie des Raumes und der Homogenität der Zeit, als unerschütterlich. Einige merkwürdige Eigenschaften der seltsamen Mesonen führten aber zu dem Verdacht, daß dies nicht zutreffen brauchte. Sorgfältig ausgeführte Versuche deckten alsbald auf, daß in allen schwachen Prozessen die P- und die C-Symmetrie auf maximale Art und Weise gebrochen sind.

Zu dieser Entdeckung führte eine Serie von Experimenten mit polarisierten Teilchen. Der Begriff Polarisation hat in der Physik verschiedene Bedeutungen. Eine Definition, die wir hier benutzen wollen, setzt Polarisation mit der „Orientiertheit" der Spins eines Ensembles von Teilchen gleich. Wenn die Spins beliebig orientiert sind, dann, so sagt man, ist die Polarisation gleich Null. Wenn sie alle in gleicher Weise ausgerichtet sind, dann sagt man, daß die Polarisation gleich Eins ist.

Die in den Jahren 1956 bis 1957 durchgeführten Experimente zeigten, daß die in schwachen Prozessen erzeugten Teilchen longitudinal polarisiert sind. Unter „longitudinal" versteht man hierbei, daß die Teilchen in Richtung ihres Impulses polarisiert sind. Der Vollständigkeit halber sei noch angefügt: ein Teilchen ist rechts-polarisiert, wenn sein Spin in die Richtung des Impulses weist, und es ist links-polarisiert, wenn sein Spin entgegen der Impulsrichtung weist.

Die Experimente zeigten, daß Teilchen (e^-, ν_e, μ^-, ν_μ) in schwachen Prozessen stets links-polarisiert erzeugt werden, Antiteilchen (e^+, $\bar{\nu}_e$, μ^+, $\bar{\nu}_\mu$) dagegen stets rechts-polarisiert.[1]) Der Grad der Polarisation ist in beiden Fällen gleich v/c, wobei v die Teilchen- und c die Lichtgeschwindigkeit ist. (Der Umstand, daß die longitudinale Polarisation zusammen mit der Geschwindigkeit gegen Null strebt, ist völlig natürlich. Im Grenzfall verschwindenden Impulses ist der Begriff der longitudinalen Polarisation gar nicht definiert.)

Mit der Aufdeckung der longitudinalen Polarisation der bei schwachen Wechselwirkungen erzeugten Teilchen mußte der Glaube an die Spiegelungssymmetrie der Natur aufgegeben werden, und die Feststellung, daß Teilchen und Antiteilchen entgegengesetzt polarisiert sind, verwies die Annahme der Ladungssymmetrie der Natur unter die unbegründeten Vorurteile. Die Richtigkeit der letzten Aussage ist unmittelbar einleuchtend. Hinsichtlich der ersten sind jedoch einige Erklärungen vonnöten.

---

[1]) Über einige Abweichungen von dieser Gesetzmäßigkeit, die von der Erhaltung des Drehimpulses diktiert werden, wird unten noch zu sprechen sein.

Führen wir hierzu den Begriff des polaren und des axialen Vektors ein. Zunächst betrachten wir in einem kartesischen Koordinatensystem den Radiusvektor $\boldsymbol{r}$ mit den Koordinaten x, y, z (Abb. 30a)). Dann führen wir eine Spiegelung des Koordinatensystems durch (Abb. 30b)); die neuen Koordinaten des Radiusvektors sind nunmehr $-x$, $-y$, $-z$. Man sagt in diesem Fall, daß der Radiusvektor $\boldsymbol{r}$ bei einer Spiegelung sein Vorzeichen wechselt. Das gleiche Verhalten bei Spiegelungen zeigt auch der Vektor des Impulses $\boldsymbol{p}$ und der Vektor der elektrischen Feldstärke $\boldsymbol{E}$. Alle diese Vektoren werden polare Vektoren genannt.

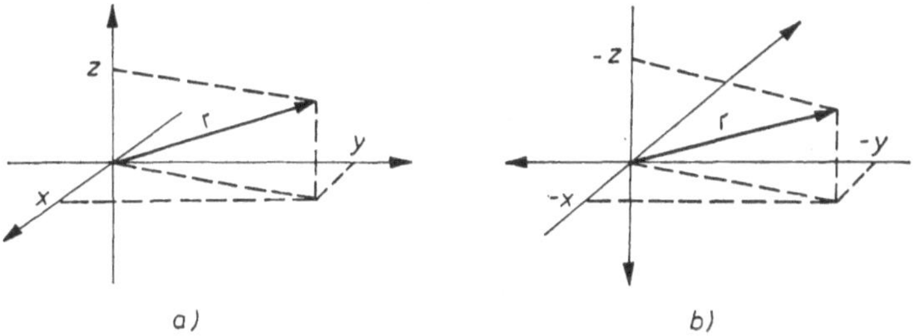

Abb. 30. Komponenten des Radiusvektors beim Übergang von einem a) rechtshändigen zu einem b) linkshändigen Koordinatensystem

Betrachten wir nun das Vektorprodukt zweier polarer Vektoren. Als Beispiel wählen wir den Drehimpuls $\boldsymbol{L} = \boldsymbol{r} \times \boldsymbol{p}$. Bei einer Spiegelung wechselt jeder der beiden Faktoren das Vorzeichen; folglich wechselt das Produkt sein Vorzeichen nicht (siehe Abb. 3). In Analogie dazu ändert auch der Spin $\boldsymbol{J}$, der den Eigendrehimpuls eines Teilchens charakterisiert, sein Vorzeichen nicht. Dies trifft auch für die magnetische Feldstärke $\boldsymbol{H}$ zu. Alle diese Vektoren werden axiale oder Pseudovektoren genannt.

Das Skalarprodukt zweier polarer Vektoren (oder zweier axialer Vektoren) ändert sein Vorzeichen bei einer Spiegelung nicht: es ist ein Skalar. Das Skalarprodukt eines axialen und eines polaren Vektors ändert dagegen bei einer Spiegelung sein Vorzeichen: es ist ein Pseudoskalar. Von einem Skalar sagt man, er habe gerade Parität, und von einem Pseudoskalar heißt es, er habe ungerade Parität.

Das soeben Gesagte reicht hin, um zu verstehen, daß die Emission longitudinal polarisierter Teilchen eine Brechung der P-Symmetrie, eine Verletzung der Erhaltung der Parität zur Folge hat. Wirklich, bei der Spiegelung des β-Zerfalls des Neutrons würden wir einen anderen β-Zerfall erhalten, bei dem ein rechts-polarisiertes Elektron entstünde. Das aber ist in der Natur nicht realisiert.

Die Spiegelung eines longitudinal polarisierten Teilchens an einer Ebene ähnelt der Spiegelung eines Kinderkreisels (Abb. 31a)) oder einer Schraube (Abb. 31b)). Die Rolle des Polarisationsvektors übernimmt hierbei die Drehachse des Kreisels oder der

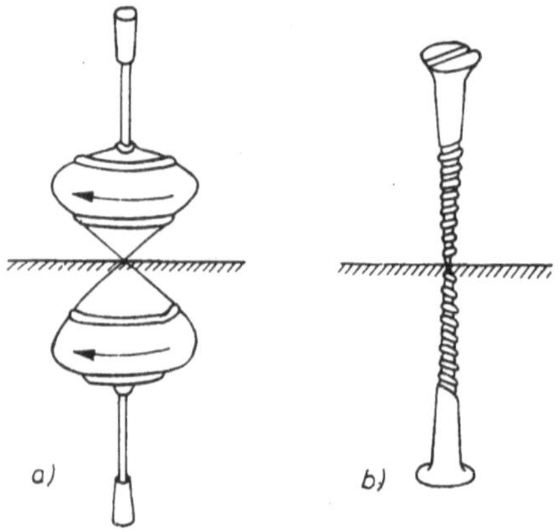

Abb. 31. Ein rotierender Kinderkreisel (a)) und eine Schraube (b)) unterscheiden sich von ihrem Spiegelbild

Windungssinn der Schraube. Weder Kreisel noch Schraube stimmen mit ihrem Spiegelbild überein. Man kann aber im Prinzip einen „gespiegelten" Kreisel herstellen, genauso, wie man Schrauben mit Linksgewinde schneiden kann. Jedoch gibt es keine rechtspolarisierten β-Elektronen: in der Natur sind sie alle linkspolarisiert.

Es ist hier natürlich nur die Rede von jenen Elektronen, die beim β-Zerfall emittiert werden, nicht jedoch von Elektronen im allgemeinen. Führt man etwa einen Elektronenstrahl durch eine in Strahlrichtung magnetisierte Eisenschicht, dann ist es möglich, sowohl links- als auch rechts-polarisierte Elektronen durch Änderung der Magnetisierungsrichtung zu erzeugen. In diesem Fall ist die Polarisation des Elektrons künstlich erzeugt worden (wie auch beim Rechts- oder Linksschnitt einer Schraube). Jedoch beim β-Zerfall und bei den anderen schwachen Prozessen wird die longitudinale Polarisation der Teilchen, und die damit verknüpfte Spiegelungsasymmetrie, nicht von außen aufgeprägt, sie erscheint als eine unveräußerliche, innere Eigenschaft dieser Prozesse.

Die Entdeckung der Paritätsverletzung kam unerwartet, gewissermaßen wie ein Blitz aus heiterem Himmel. In diesem Zusammenhang kann ich mich noch gut daran erinnern, wie mir Ende 1954, als ich mich in der Aspirantur befand, mein wissenschaftlicher Lehrer, I. Ja. Pomerančuk, die Aufgabe stellte, die Winkelverteilung der Elektronen beim Zerfall polarisierter Myonen zu berechnen und ein Verfahren zu ersinnen, mit dessen Hilfe man polarisierte Myonen erzeugen kann.

Die Berechnung dieses Zerfalls erwies sich als außerordentlich aufwendig, weil zu jener Zeit einfache, relativistisch invariante Verfahren zur Behandlung von Prozessen mit teilweise polarisierten Teilchen noch unbekannt waren. Heute kann man alle erforderlichen mathematischen Berechnungen auf zwei Seiten ausführen, damals benötigte ich 20 Schulhefte. Letztendlich erhielt ich aber ein übersichtliches Resultat (wie sich später herausstellte, war es auch richtig).

Ich erfand auch eine Methode, polarisierte Myonen in kalter magnetisierter Materie zu erzeugen. (Das Myon lebt nur ganze zwei Mikrosekunden, und man muß es unmittelbar nach seiner Abbremsung in der Materie polarisieren, noch bevor es zerfällt.) Allerdings, etwas besonders Gescheites hatte ich nicht erfunden. Jedoch nach anderthalb Jahren stellte sich heraus, daß die Myonen beim Zerfall des π-Mesons bereits vollständig longitudinal polarisiert entstehen, und das ist heute die wichtigste Quelle von Myonen.

Die Polarisation der Myonen in den Zerfällen

$$\pi^+ \to \mu^+\nu_\mu \quad \text{und} \quad \pi^- \to \mu^-\bar{\nu}_\mu$$

ist gleich -1 bzw. $+1$ (und nicht gleich $+v/c$ bzw. $-v/c$, wie in der Mehrzahl der Zerfälle anderer Teilchen). Die Polarisation der Myonen ist nämlich bei diesen Zerfällen auf Grund der Erhaltung des Drehimpulses erzwungen: Das π-Meson hat den Spin $\boldsymbol{J} = 0$; das Neutrino und das Antineutrino sind beide hundertprozentig polarisiert, weil sie sich mit Lichtgeschwindigkeit bewegen. Damit werden der Polarisation des Myons harte Bedingungen auferlegt, die es, entgegen seinem üblichen Verhalten, zwingen, entweder rechts-polarisiert (μ^+) oder linkspolarisiert (μ^-) zu erscheinen (siehe Abb. 32; die durchgezogenen Pfeile geben den Impuls der Teilchen, die kleinen „lichten" Pfeile ihren Spin an).

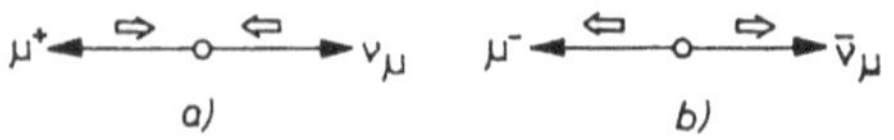

Abb. 32. Orientierung von Impuls und Spin von μ^+ und ν_μ beim Zerfall des π^+-Mesons (a)) und von μ^- und $\bar{\nu}_\mu$ beim Zerfall des π^--Mesons (b)). Der Spin ist durch den „lichten" Pfeil charakterisiert

Heutzutage finden polarisierte Myonen weitverbreitete Anwendung in der Festkörperphysik und -chemie. Aus der Beobachtung der Änderung der Spinrichtung beim Durchgang durch verschiedene Materie können Einsichten in die Eigenschaften dieser Stoffe gewonnen werden, die man sonst mit keinem anderen Verfahren erhalten kann.

Die Ladungs- und Spiegelungsasymmetrie der schwachen Zerfälle läßt sich auf die Asymmetrie des schwachen geladenen Stromes zurückführen, in den nur „linkshändige" Leptonen und Quarks und nur „rechtshändige" Antileptonen und Antiquarks eingehen. Im Gegensatz dazu gehen in den elektromagnetischen und den Farbstrom die linkshändige und die rechtshändige Komponente der Teilchen in völlig symmetrischer Weise ein.

Der elektromagnetische und der Farbstrom sind vierdimensionale Vektoren. Das bedeutet, daß sie sich bei Lorentz-Transformationen und Spiegelungen ähnlich verhalten wie der vierdimensionale Energie-Impuls-Vektor $p_\mu = (E/c, \boldsymbol{p})$ oder der vierdimensionale Raum-Zeit-Vektor $x_\mu = (ct, \boldsymbol{r})$.

Ein vierdimensionaler Vektor V_μ hat vier Komponenten ($\mu = 0, 1, 2, 3$; der Index 0 bezeichnet die zeitliche Komponente, die Indizes 1, 2, 3 die drei räumlichen Komponenten: $V_\mu = (V_0, \boldsymbol{V})$). Bei einer Spiegelung, der Paritätsoperation P, gilt

$$V_0 \to +V_0, \quad \boldsymbol{V} \to -\boldsymbol{V}.$$

V_0 transformiert sich also wie ein Skalar im dreidimensionalen Raum, und $\boldsymbol{V}$ wie ein Vektor.

Im Gegensatz zum elektromagnetischen und zum Farbstrom sind die schwachen Ströme Linearkombinationen eines vierdimensionalen polaren Vektors V_μ und eines vierdimensionalen axialen Vektors A_μ.

Ein vierdimensionaler axialer Vektor verhält sich bei Lorentz-Transformationen genauso wie V_μ, bei der Paritätsoperation jedoch gerade entgegengesetzt:

$$A_0 \to -A_0, \quad \boldsymbol{A} \to +\boldsymbol{A}.$$

A_0 transformiert sich also wie ein Pseudoskalar im dreidimensionalen Raum, und $\boldsymbol{A}$ wie ein dreidimensionaler Pseudovektor. Der linkshändige schwache geladene Strom ergibt sich als Differenz der Ströme V_μ und A_μ:

$$L_\mu = \frac{1}{2}(V_\mu - A_\mu).$$

Wie man leicht einsieht, gehen die Komponenten von L_μ bei einer Spiegelung nicht in sich über: Sie gehen in den rechtshändigen schwachen geladenen Strom über,

$$R_\mu = \frac{1}{2}(V_\mu + A_\mu).$$

Man kann diese Erscheinung damit vergleichen, daß in einem Spiegel die rechte und die linke Hand ihre Plätze miteinander vertauschen. Selbstverständlich gilt bei der Paritätsoperation P

$$L_0 \leftrightarrow R_0, \qquad \boldsymbol{L} \leftrightarrow -\boldsymbol{R}.$$

Bis zum Jahre 1964 glaubte man, daß, obwohl die Ladungs- und die Spiegelungssymmetrie bei schwachen Prozessen vollständig gebrochen sind, ihre Kombination, die CP-Symmetrie, nicht verletzt wird. Wir müßten also, beobachteten wir in einem Spiegel den β-Zerfall des Neutrons, stets einen β-Zerfall mit einem Antineutrino erblicken. 1964 wurde aber der Zerfall des sogenannten langlebigen neutralen K-Mesons in zwei π-Mesonen beobachtet[1]):

$$K_L{}^0 \to \pi^+\pi^-.$$

Dieser Zerfall ist aber verboten, wenn die CP-Symmetrie streng gilt. Bald darauf wurde ein weiterer CP-verbotener Zerfall gefunden:

$$K_L{}^0 \to \pi^0\pi^0,$$

und schließlich konnte man auch eine schwache Ladungsasymmetrie in den Zerfällen

$$K_L{}^0 \to \pi^\pm e^\mp \nu_e \quad \text{und} \quad K_L{}^0 \to \pi^\pm \mu^\mp \nu_\mu$$

---

[1]) Es gibt zwei Arten neutraler K-Mesonen: Das kurzlebige neutrale K-Meson $K_S{}^0$ hat eine Lebensdauer von 10^{-10} s, das langlebige neutrale K-Meson $K_L{}^0$ hat eine Lebensdauer von $5 \cdot 10^{-8}$ s. Am häufigsten erfolgt der Zerfall des $K_S{}^0$-Mesons in $\pi^+\pi^-$ und $\pi^0\pi^0$, während die häufigsten Zerfälle des $K_L{}^0$-Mesons in $\pi^0\pi^0\pi^0$, $\pi^+\pi^-\pi^0$ und $\pi^\pm e^\mp\nu$, $\pi^\pm\mu^\mp\nu_\mu$ erfolgen.

nachweisen. In diesen beiden letzten Fällen ist die Wahrscheinlichkeit für den Zerfall mit Emission positiv geladener Leptonen (e^+, μ^+) etwa 0,3% größer als die Wahrscheinlichkeit für den Zerfall mit Emission negativ geladener Leptonen (e^-, μ^-).

In allen diesen Zerfällen der $K_L{}^0$-Mesonen wurde festgestellt, daß auch die T-Symmetrie gebrochen ist. Bei anderen Zerfällen — außer eben den Zerfällen der $K_L{}^0$-Mesonen — konnte bisher nicht die geringste Spur einer Verletzung der CP-Symmetrie und der T-Symmetrie entdeckt werden. Die Ursache dieser Symmetriebrechung, ihr innerer Mechanismus, blieb bisher ungeklärt, obwohl eine Reihe verschiedener theoretischer Modelle vorliegen, mit deren Hilfe man diese Erscheinung erklären könnte.

Als einzige ungebrochene diskrete Symmetrie verbleibt gegenwärtig die CPT-Symmetrie, d. h. die Symmetrie bezüglich des Produktes aller drei Transformationen: C, P und T. Diese Symmetrie ist so tief in den Grundlagen der Quantenfeldtheorie verwurzelt, daß die theoretischen Physiker in ihrer Mehrheit an deren absolute Unveräußerlichkeit glauben. Dazu bemerken wir nur, daß allein die CPT-Symmetrie dafür hinreichend ist, daß die Massen und auch die Lebensdauern von Teilchen und Antiteilchen einander vollkommen gleich sind.

Neutrale Ströme

Bis jetzt hatten wir, sooft wir über schwache Prozesse sprachen, stets die Wechselwirkung geladener schwacher Ströme im Auge. Im Jahre 1973 wurde ein weiterer Typ schwacher Prozesse entdeckt, und zwar Prozesse, die von der Wechselwirkung neutraler Ströme verursacht werden.

Neutral heißt ein Strom dann, wenn er die elektrischen Ladungen der beteiligten Leptonen und Quarks nicht ändert, z. B. sind die Ströme $\bar{\nu}_\mu \nu_\mu$, $\bar{e}e$, $\bar{u}u$, $\bar{d}d$ usf. neutral. Die in den Versuchen beobachteten Ströme sind sogar echt neutral: nicht nur die elektrische Ladung, auch alle anderen Quantenzahlen der Teilchen bleiben ungeändert. Man sagt, die neutralen Ströme seien diagonal, d. h. sie führen die Leptonen oder Quarks jeweils in sich über. Nichtdiagonale neutrale Ströme vom Typ $\bar{d}s$ oder $\bar{e}\mu$ oder $\bar{u}c$ gibt es in der Natur nicht.

Die Diagonalität der neutralen schwachen Ströme wird verständlich, wenn man die Abbn. 28 und 29 betrachtet. Wegen der Erhaltung der elektrischen Ladung können die neutralen Ströme

Teilchen aus unterschiedlichen Dreibeinen nicht ineinander überführen. Bei Einschränkung auf die einzelnen Dreibeine, deren „Teilchenachsen" orthogonal zueinander stehen, zeigt sich aber, daß jedes der zwölf Teilchen nur in sich selbst übergehen kann (berücksichtigt man zusätzlich noch die Farbe der Ströme, so sind es nicht 12, sondern 24 verschiedene Ausdrücke).

Gerade deshalb, weil die neutralen Ströme die Flavourladungen nicht ändern, fand man sie so spät — erst ein dreiviertel Jahrhundert nach der Entdeckung des β-Zerfalls! Da sie die fundamentalen Fermionen nicht ineinander umwandeln, können die neutralen Ströme nicht bei solchen Teilchenzerfällen auftreten, bei denen die Flavourladung geändert wird. In jenen Zerfällen aber, bei denen die Flavourladung erhalten bleibt, können die schwachen Wechselwirkungen der neutralen Ströme nicht mit den elektromagnetischen Wechselwirkungen konkurrieren, weil letztere natürlich viel intensiver sind.

Die neutralen Ströme wurden zuerst in Neutrinoexperimenten an den großen Beschleunigern beobachtet, bei denen sehr energiereiche Neutrinos beim Durchgang durch ein Target Reaktionen vom Typ

$$\nu_\mu + p \rightarrow \nu_\mu + p + \pi^+ + \pi^-$$

hervorriefen. Diese Reaktion ist das Resultat der „Erschütterung" des Nukleons bei der Wechselwirkung des Neutrinos mit einem der Quarks: $(\bar{\nu}_\mu \nu_\mu)$ $(\bar{u}u)$ oder $(\bar{\nu}_\mu \nu_\mu)$ $(\bar{d}d)$. Die Wahrscheinlichkeit für das Auftreten dieser und ähnlicher Reaktionen ist von der gleichen Größenordnung wie auch die Wahrscheinlichkeit für das Auftreten jener Reaktionen, die unter dem Einfluß geladener schwacher Ströme erfolgen, beispielsweise der Reaktion

$$\nu_\mu + n \rightarrow \mu^- + p + \pi^+ + \pi^- .$$

Die neutralen schwachen Ströme verletzen — ebenso wie die geladenen schwachen Ströme — die Parität, d. h., sie brechen die Spiegelungssymmetrie. Diese Symmetriebrechung wurde erstmals 1978 beim Studium der Elektronenkomponente des neutralen Stromes $(\bar{e}e)$ nachgewiesen. Der Nachweis der Existenz dieses Stromes $(\bar{e}e)$ war sehr viel komplizierter als der Nachweis des entsprechenden Neutrinostromes $(\bar{n}n)$. Dazu mußten nämlich die Effekte dieses elektronischen schwachen Stromes aus dem „Hintergrund" der wesentlich stärkeren Effekte der elektromagnetischen Wechselwirkung der Elektronen herausgefiltert werden.

Zuerst fand man eine außerordentlich geringe Drehung der Polarisationsebene von Laserstrahlen beim Durchgang durch Dampf atomaren Wismuts. Dieser Drehung entspricht eine (geringe) Paritätsverletzung: Bei einer vollständigen Spiegelungssymmetrie der Wismutatome wäre weder eine Links- noch eine Rechtsdrehung ausgezeichnet, und die Polarisationsebene des Laserstrahls dürfte ihre Lage — ähnlich wie Buridans Esel, der sich nicht zwischen zwei Heubündeln entscheiden kann — nicht ändern.

Die Drehung der Polarisationsebene von Licht in Lösungen, die spiegelungsasymmetrische Moleküle enthalten, ist eine wohlbekannte Erscheinung. Eine derartige Drehung der Polarisationsebene kann man beispielsweise beobachten, wenn polarisiertes Licht ein Glas gesüßten Tees durchläuft. Es versteht sich von selbst, daß dieser Schulversuch keine Bestätigung für die Paritätsverletzung auf dem Niveau der fundamentalen Wechselwirkungen ist, er legt lediglich Zeugnis davon ab, daß die Zuckermoleküle spiegelungsasymmetrisch sind.

Den gespiegelten Doppelgänger des Zuckermoleküls kann man künstlich herstellen. Die Zuckerrübe kann man allerdings nicht synthetisieren. Hier stoßen wir übrigens auf den speziellen Fall einer bemerkenswerten Erscheinung: Alle Lebewesen sind spiegelungsasymmetrisch! Die Erörterung dieser Erscheinung wäre ein sehr reizvolles Thema; sie würde uns aber zu weit von unserem eigentlichen Anliegen wegführen.

Kehren wir daher zum atomaren Wismut zurück. Hier besteht die ganze Pointe darin, daß es sich nicht um ein Molekül, sondern um ein Atom handelt. Wenn die P-Parität erhalten bliebe, dann müßte das Wismutatom spiegelsymmetrisch sein. Eine geringfügige „Verdrillung“ des Wismutatoms führt jedoch zu einer schwachen P-verletzenden Wechselwirkung der Hüllelektronen mit dem Kern des Atoms. (Bei Verletzung der P-Parität ist, unter Voraussetzung der exakten Gültigkeit der CP-Symmetrie, das Spiegelbild des Wismutatoms das Antiatom des Antiwismut. Solch schwere Antiatome können wir bisher noch nicht herstellen, und es ist auch nicht zu erkennen, wozu dies nützlich sein könnte.)

Bald nach der Veröffentlichung der Resultate des Wismut-Experiments wurden auch die Resultate eines anderen Experiments bekannt, das an einem Elektronenbeschleuniger ausgeführt worden war. In diesem Experiment wurde die Wechselwirkung eines Strahls longitudinal polarisierter Elektronen mit einem Deuterium-Target studiert. Dabei zeigte sich, daß linkspolarisierte Elektronen am Deuterium um etwa ein hundertstel Prozent effektiver gestreut wurden als rechtspolarisierte Elektronen. Auch diese Erscheinung beweist die Brechung der Spiegelungssymmetrie bei der Wechselwirkung der Elektronen mit den Quarks. Wie die Berechnungen zeigten, befand sich der Effekt in Übereinstimmung mit den Voraussagen, die sich aus der schwachen Wechselwirkung der neutralen Ströme ergaben.

Im Jahre 1982 konnten schließlich auch Effekte der neutralen schwachen Ströme bei den Reaktionen $e^+e^- \to \mu^+\mu^-$ und $e^+e \to \tau^+\tau^-$ beobachtet werden, die an den großen Speicherringen mit gegenläufigen Strahlen von Elektronen und Positronen eingeleitet werden können.

In Übereinstimmung mit der Theorie weisen alle beobachteten neutralen Ströme sowohl leptonische als auch Quarkkomponenten auf. Dabei ist die Neutrinokomponente der neutralen schwachen Ströme, wie auch bei den geladenen schwachen Strömen, immer linkshändig; zu allen anderen Teilchen gibt es sowohl linkshändige (L_μ) als auch rechtshändige (R_μ) Komponenten.

Eigenschaften der W- und Z-Bosonen

Die Theorie der Wechselwirkung von Vektorbosonen mit den neutralen und geladenen Strömen, die wir von nun an Standardtheorie der elektroschwachen Wechselwirkung nennen werden (den Sinn dieser Bezeichnung erklären wir später), wurde in den 60er Jahren geschaffen. Im Jahre 1979 erhielten die Begründer dieser Theorie, die theoretischen Physiker S. L. Glashow, A. Salam und S. Weinberg, die höchste internationale wissenschaftliche Auszeichnung, den Nobelpreis. In diesem Zusammenhang ist hervorzuheben, daß die Verleihung dieses Preises vier Jahre vor der Entdeckung der W- und Z-Bosonen erfolgte, also vor der endgültigen Bestätigung der Richtigkeit der Theorie durch das Experiment. Dieser Umstand findet seine Erklärung darin, daß die 1973 erfolgte Entdeckung der neutralen schwachen Ströme und die sich in den Folgejahren anschließende Aufklärung ihrer Struktur bereits als eine sehr eindrucksvolle Bestätigung der Theorie durch die experimentellen Daten angesehen werden kann.

Nach der Standardtheorie erfolgen alle Wechselwirkungen zwischen geladenen Strömen über den Austausch von W-Bosonen, und alle Wechselwirkungen zwischen neutralen Strömen über den Austausch von Z-Bosonen. Diese sogenannten intermediären Bosonen sind, wie auch das Photon und die Gluonen, Vektorteilchen, d. h., sie haben den Spin Eins.

Die Kopplungskonstante der W-Bosonen, g_W, die die Stärke ihrer Wechselwirkung mit den geladenen Strömen bestimmt, spielt in der Standardtheorie eine ähnliche Rolle wie die elektrische Ladung e in der Elektrodynamik. In Analogie zur Feinstrukturkonstanten $\alpha = e^2/\hbar c$ führt man daher die Größe $\alpha_W = g_W{}^2/\hbar c$ ein; sie wird gelegentlich als schwache Feinstrukturkonstante bezeichnet. Das Verhältnis α/α_W erhielt eine spezielle Bezeichnung:

$$\alpha/\alpha_W = \sin^2 \theta_W ,$$

wobei θ_W der sogenannte schwache Winkel oder Weinberg-Winkel ist. Die experimentelle Untersuchung der neutralen schwachen Ströme gestattete eine Bestimmung dieses Verhältnisses zu $\sin^2 \theta_W$ 0.20 ... 0.23 (siehe unten). Damit folgt also $\alpha_W \approx 1/30$. Man beachte, daß demzufolge die schwache Ladung g_W größer ist als die elektrische Ladung e. Der Umstand, daß die schwache Wechselwirkung in der Regel beträchtlich schwächer ist als die elektromagnetische Wechselwirkung, hängt nicht mit der Kleinheit der schwachen Ladung zusammen, sondern damit, daß die W-Bosonen so außerordentlich schwer sind.

Die Masse der W-Bosonen kann man durch die schwache Feinstrukturkonstante α_W und durch die Fermi-Konstante G_F ausdrücken (wir erinnern daran, daß $G_F \approx 1{,}2 \cdot 10^{-5}\,\mathrm{GeV}^{-2}\,\hbar^3 c^3$). Betrachten wir beispielsweise den Zerfall des Myons (Abb. 33). Der bei diesem Prozeß von dem virtuellen W-Boson übertragene Impuls $\boldsymbol{q}$ (dividiert durch die Lichtgeschwindigkeit c), kann natürlich nicht größer sein als die Masse des Myons — damit ist er aber zugleich um mehrere Größenordnungen kleiner als die Masse des W-Bosons. Der die Ausbreitung des virtuellen Vektorbosons beschreibende Propagator hat die gleiche Gestalt wie der Propagator des „massiven Photons“, den wir bereits diskutiert haben:

$$\frac{1}{m_W{}^2 - q^2}\,.$$

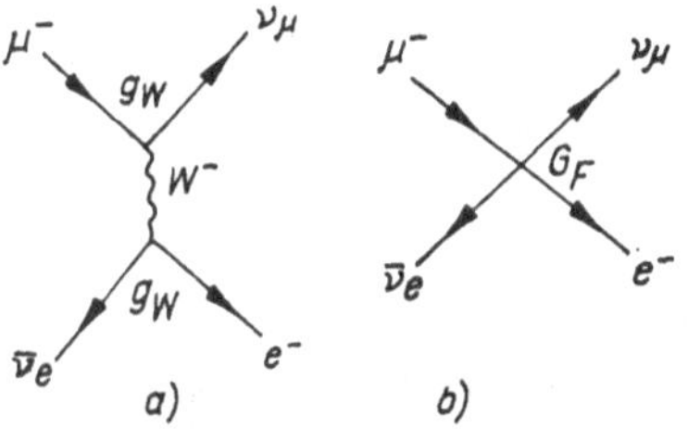

Abb. 33. Feynman-Diagramme, die den Zerfall des Myons beschreiben: a) Zerfall des Myons infolge Erzeugung und nachfolgenden Zerfalls eines virtuellen W-Bosons, b) angenäherte Beschreibung des Myonzerfalls durch die 4-Fermion-Wechselwirkung. g_W ist die schwache Ladung, G_F ist die Fermi-Konstante

Für $|q^2| \ll m_W{}^2$ kann man den Zahlenwert von q^2 gegenüber $m_W{}^2$ vernachlässigen, und man erhält

$$\frac{1}{m_W{}^2 - q^2} \approx \frac{1}{m_W{}^2}.$$

Für die beim Myonzerfall auftretenden virtuellen W-Bosonen ist diese Näherung tatsächlich mit großer Genauigkeit gültig, die Abweichung liegt unter 0,001%. Man kann daher mit gutem Recht das „echte" Diagramm der Abb. 33a) durch das angenäherte Diagramm der Abb. 33b) ersetzen, das einer direkten 4-Fermion-Wechselwirkung entspricht.

Vielleicht ist hier der folgende Vergleich ganz nützlich. Ein virtuelles Teilchen, beispielsweise ein virtuelles Photon, kann mit einer Feder verglichen werden. Der Propagator des Photons ist $-1/q^2$. Wenn q^2 groß ist, dann ist diese „Photonfeder" kurz, und wenn q^2 klein ist, dann ist sie lang: Wegen der Unbestimmtheitsrelation ist ihre Länge durch $l \approx \hbar/|\mathbf{q}|$ gegeben. Für die schweren virtuellen Bosonen ist diese „Feder" immer kurz ($l \lesssim \hbar/m_W \approx 2 \cdot 10^{-16}$ cm) und hart. Solange der von der Feder übertragene Impuls klein ist, wird sie praktisch nicht deformiert — sie spürt den Impuls gar nicht — und sie wirkt wie ein unelastischer starrer Körper. Diesem Grenzfall entspricht die Vernachlässigung von q^2 im Propagator der virtuellen W-Bosonen. Diese Überlegungen stehen im Einklang mit der Unbestimmtheitsrelation und der Formel für das Potential, das dem Austausch eines schweren virtuellen Photons entspricht (vgl. den Abschnitt „Virtuelle Teilchen").

Versuchen wir also, die Masse des W-Bosons zu bestimmen. Nach einem Blick auf die beiden Diagramme der Abb. 33 sind wir in der Lage, die folgende Beziehung zu notieren:

$$2\sqrt{2}\,G_F = (g_W/\sqrt{2})^2/m_W{}^2.$$

Die größenmäßige Relation zwischen G_F, g_W und m_W wird aus dem unmittelbaren Vergleich der Diagramme 33a) und b) klar; was dagegen die Zahlenkoeffizienten betrifft, so könnte sie der Leser leicht verifizieren, wenn er theoretischer Physiker wäre.

Obige Gleichung kann man in die folgende Form umschreiben:

$$m_W = (\sqrt{2}\,G_F/\pi\alpha_W\hbar^3c^3)^{-1/2} \approx 37{,}3\ \mathrm{GeV}/\sin\theta_W.$$

(Man verifiziere die letzte Gleichung!) Hieraus ergibt sich mit $\sin^2\theta_W = 0{,}21$ der Wert $m_W = 81{,}4$ GeV. Aus der Kenntnis des experimentellen Wertes von $\sin^2\theta_W$ kann man also die Masse des W-Bosons voraussagen.

Die Kenntnis des Wertes der Größe $\sin^2\theta_W$ erhielt man aus den Untersuchungen der schwachen neutralen Ströme. Nach der Standardtheorie charakterisiert der schwache Winkel θ_W nicht nur die Wechselwirkung der W-Bosonen, sondern auch die der Z-Bosonen. In diesem Zusammenhang geht er in die Ausdrücke dreier physikalischer Größen ein:

1) die Masse des Z-Bosons

$$m_Z = m_W/\cos\theta_W$$

(aus $m_W = 81{,}4$ GeV ergibt sich $m_Z = 91{,}6$ GeV);

2) die Kopplungskonstante des Z-Bosons an den neutralen Strom

$$g_Z = g_W/\cos\theta_W;$$

3) den neutralen Strom selbst, der für Teilchen mit der elektrischen Ladung Q durch

$$\pm\frac{1}{2}\,L_\mu - (L_\mu + R_\mu)\,Q\sin^2\theta_W$$

gegeben ist. (Hierbei sind L_μ und R_μ die links- und rechtshändigen Komponenten des neutralen Stromes; das positive

Vorzeichen im ersten Summanden entspricht den „oberen“ Leptonen und Quarks (ν_e, ν_μ, ν_τ, u, c, t) und das negative Vorzeichen den „unteren“ Leptonen und Quarks (e^-, μ^-, τ^-, d, s, b).)

Die Ausdrücke für m_Z und g_Z haben zur Folge, daß $g_Z^2/m_Z^2 = g_W^2/m_W^2$ gilt, also die Kopplungskonstanten der 4-Fermion-Wechselwirkung für neutrale und für geladene Ströme einander gleich sind. Die ganze θ_W-Abhängigkeit der Wahrscheinlichkeit für Prozesse mit neutralen Strömen ist daher allein durch den angegebenen Ausdruck für den neutralen schwachen Strom bestimmt. Aus diesem Ausdruck ist ersichtlich, daß für Teilchen mit unterschiedlicher Ladung der Grad der longitudinalen Polarisation, d. h. das Verhältnis zwischen links- und rechtshändigen Komponenten, ebenfalls unterschiedlich ist und eindeutig durch den Wert von $\sin^2 \theta_W$ bestimmt wird. Aus den Experimenten mit neutralen Strömen der Neutrinos ($Q_\nu = 0$), der Elektronen und Myonen ($Q_e = Q_\mu = -1$) und der Quarks ($Q_u = 2/3, Q_d = -1/3$) ergab sich der oben angegebene Wert $\sin^2 \theta_W \approx 0{,}21$.

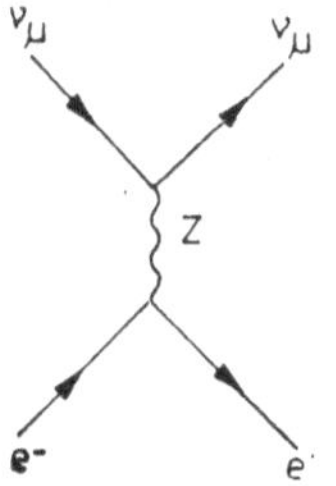

Abb. 34. Feynman-Diagramm, das die (elastische) Streuung eines Myonneutrinos an einem Elektron vermöge des Austauschs eines virtuellen Z-Bosons beschreibt

Zur Illustration ist in Abb. 34 ein Diagramm angegeben, das die Streuung eines Myonneutrinos an einem Elektron beschreibt. Aus dem im Experiment gemessenen Streuquerschnitt dieses Prozesses kann man den Wert von $\sin^2 \theta_W$ bestimmen. Wie wir bereits sagten, erfuhr die Standardtheorie bereits eine allseitige experimentelle Überprüfung bei der Untersuchung dieser und ähnlicher schwacher Prozesse (einige andere Prozesse sind in Abb. 35 angegeben).

Die Standardtheorie der elektroschwachen Wechselwirkung gründet sich auf die sogenannte elektroschwache Symmetrie, derzufolge vier masselose Vektorbosonen existieren müssen: zwei geladene und zwei ungeladene. Im Unterschied zur Coloursymmetrie der starken Wechselwirkung ist aber die elektro-

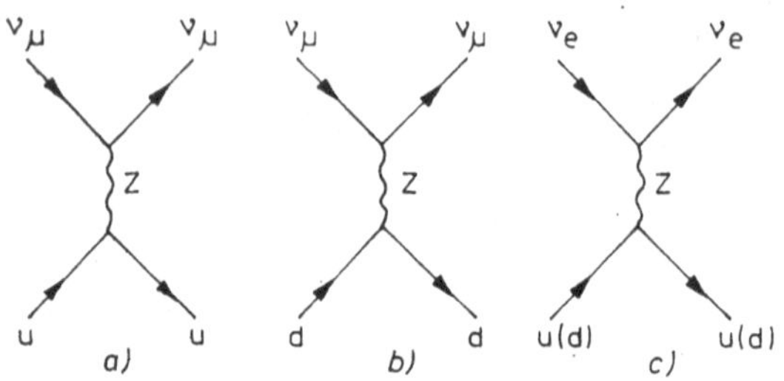

Abb. 35. a), b) Streuung eines Myonneutrinos an einem u- und einem d-Quark; c) Streuung eines Elektroneneutrinos an einem u- oder d-Quark

schwache Symmetrie in der Natur gebrochen. Im Ergebnis dieser Symmetriebrechung bleibt lediglich ein Vektorboson, das Photon, masselos, während die drei übrigen Bosonen, W^+, W^- und Z^0, massiv werden.

Die Theorie erhielt die Bezeichnung „elektroschwach" deshalb, weil sie nicht nur die schwache, sondern auch die elektromagnetische Wechselwirkung beschreibt. (Man erinnere sich an die Beziehung $\sin\theta_W = e/g_W$.) Allerdings handelt es sich hierbei um keine vollständige Vereinheitlichung von elektromagnetischer und schwacher Wechselwirkung: Der Wert von $\sin^2\theta_W$ ergibt sich nicht im Rahmen der Theorie aus irgendwelchen allgemeinen Prinzipien, sondern er muß experimentell bestimmt werden.

Entdeckung der W- und Z-Bosonen

Für die Erzeugung solch schwerer Teilchen, wie es die W- und Z-Bosonen sind, ist eine so ungewöhnlich hohe Energie der aufeinander stoßenden Teilchen erforderlich, daß noch zu Beginn der 80er Jahre kein Laboratorium der Welt in der Lage war, derartige Experimente erfolgreich auszuführen. Zu dieser Zeit gab es zwar zwei große Laboratorien — das Fermi National Accelerator Laboratory (FNAL) in Batavia, Illinois (USA), und das Europäische Zentrum für Kernforschung (CERN) in Genf —, die Protonenstrahlen mit einer Energie erzeugen konnten, die die Masse der intermediären Bosonen um das 5 bis 6fache übertraf. Das Problem bestand jedoch darin, daß diese Strahlen nur auf ein ruhendes Target gerichtet werden konnten und daß daher die zur Erzeugung der neuen Teilchen effektiv zur Verfügung stehende Energie nur einen Bruchteil ($\sqrt{2mc^2/E}$, wobei m die Protonenmasse ist) der Energie E der Protonen des Strahls ausmachte.

Bereits 1976 hatten D. Cline, P. McIntyre und C. Rubbia vorgeschlagen, die Protonenbeschleuniger des FNAL und des CERN als Basis für Proton-Antiproton-Collider zu nutzen. 1978 wurde am CERN die Entscheidung für den Bau einer solchen Maschine gefällt, und bereits 1981 begann dieser Collider, in dem Protonen der Energie von 270 GeV mit Antiprotonen derselben Energie zusammenstoßen, erfolgreich zu arbeiten. Anfangs war jedoch die Intensität der Teilchenstrahlen für die Erzeugung der intermediären Bosonen zu gering — Protonen und Antiprotonen trafen noch viel zu selten zusammen. Im Herbst 1982 wurde dann die erforderliche Intensitätsschwelle überschritten, und im Januar 1983 konnte C. Rubbia, der Leiter eines dieser Colliderexperimente, das unter der Bezeichnung UA1-Experiment bekannt wurde, die Beobachtung des ersten W-Bosons verkünden.

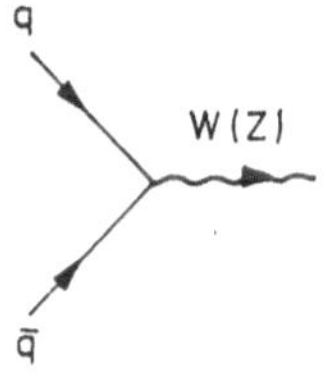

Abb. 36. Erzeugung eines intermediären Bosons (W oder Z) bei der Annihilation eines Quark-Antiquark-Paares

Wie geht nun die Erzeugung der intermediären Bosonen vor sich? Ein schnelles, hochenergetisches Proton ist ein Konglomerat von Quarks und Gluonen, wobei sich der Protonimpuls jeweils etwa zur Hälfte auf die Quarks und die Gluonen verteilt. Ein schnelles Antiproton ist dann in analoger Weise ein Konglomerat von Antiquarks und Gluonen. Beim Stoß des Protons mit dem Antiproton kann sich eines der Quarks q mit einem der Antiquarks $\bar{q}$ in ein intermediäres Boson W(Z) umwandeln (Abb. 36). Es sind insgesamt vier solcher Quark-Antiquark-Reaktionen möglich; sie sind in Abb. 37 zusammengestellt. Die restlichen Quarks, Antiquarks und Gluonen, die an der Erzeugung des intermediären Bosons nicht teilnehmen, spielen die Rolle von „Beobachtern". Diese Beobachter erleiden jedoch eine „tiefe Erschütterung" durch den Verlust ihrer frontal aufeinanderstoßenden Mitläufer und werden gleichfalls aus ihrer gewohnten Bahn getragen oder, wie man sagt, sie fragmentieren in ver-

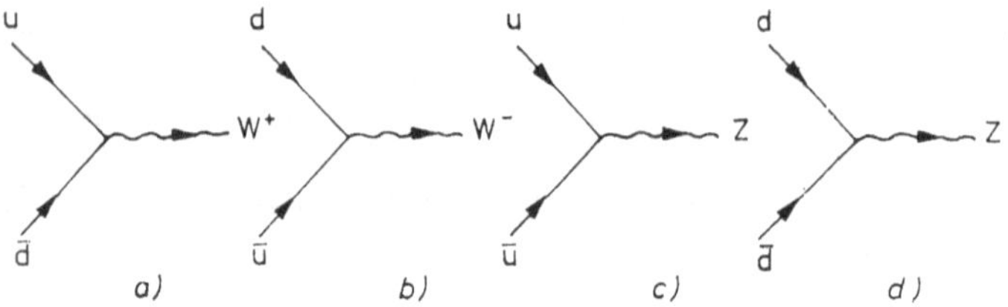

Abb. 37. Erzeugung eines W^+-Bosons (a)), eines W^--Bosons (b)) und eines Z-Bosons (c)), (d)) bei der hochenergetischen Quark-Antiquark-Streuung

schiedene Hadronen. Dabei bilden sich zwei „Hadronenbündel" oder Hadronen-Jets, wovon eines den Weg des einlaufenden Protons und eines den des einlaufenden Antiprotons fortsetzt. Dieser Stoßprozeß ist in Abb. 38 veranschaulicht, wobei die ausgezogenen Linien die Quarks bzw. Antiquarks bezeichnen, und die Wellenlinie das W- (oder Z-) Boson; die Gluonen sind nicht dargestellt.

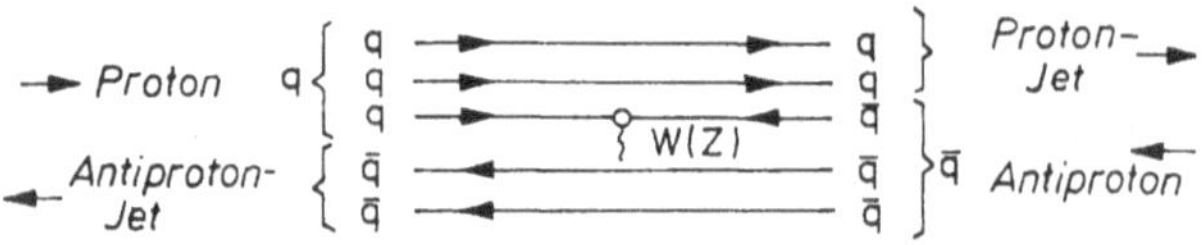

Abb. 38. Erzeugung eines intermediären Bosons (W oder Z) bei Proton-Antiproton-Stößen; die an der Streuung nicht beteiligten Quarks und Antiquarks erzeugen zwei hadronische Jets

Die das intermediäre Boson charakterisierende Linie ist sehr kurz gehalten! Dies soll den Umstand widerspiegeln, daß nach der Standardtheorie das intermediäre Boson lediglich $3 \cdot 10^{-25}$ s lebt und es folglich in dieser kurzen Zeit nicht schaffen kann, sich weit von dem seine Erzeugung beobachtenden Pulk von Quarks und Antiquarks zu entfernen. Wie kann man aber in solch einem Fall erfahren, ob sich das intermediäre Boson überhaupt gebildet hat? Die Antwort auf diese Frage besteht darin, daß das intermediäre Boson bei seinem Untergang ein sehr markantes Signal von sich gibt.

In der Mehrzahl aller Fälle muß das intermediäre Boson in ein Quark und ein Antiquark zerfallen, die anschließend ebenfalls in zwei Hadron-Jets fragmentieren. Leider ist es außerordentlich schwierig, diese Jets von jenen Hadronen zu unterscheiden, die sich beim Stoß von Proton und Antiproton vermöge der starken Wechselwirkung bildeten. Dafür haben aber die selteneren leptonischen Zerfälle der W- und Z-Bosonen praktisch überhaupt keinen störenden Hintergrund. Hierbei denken wir zum Beispiel an die Zerfälle

$$W^+ \to e^+\nu_e, \qquad W^- \to e^-\bar{\nu}_e, \qquad Z^0 \to e^+e^-,$$

insbesondere dann, wenn die Elektronen und Positronen unter einem großen Winkel gegenüber den einander stoßenden Strahlen von p und $\bar{p}$ austreten.

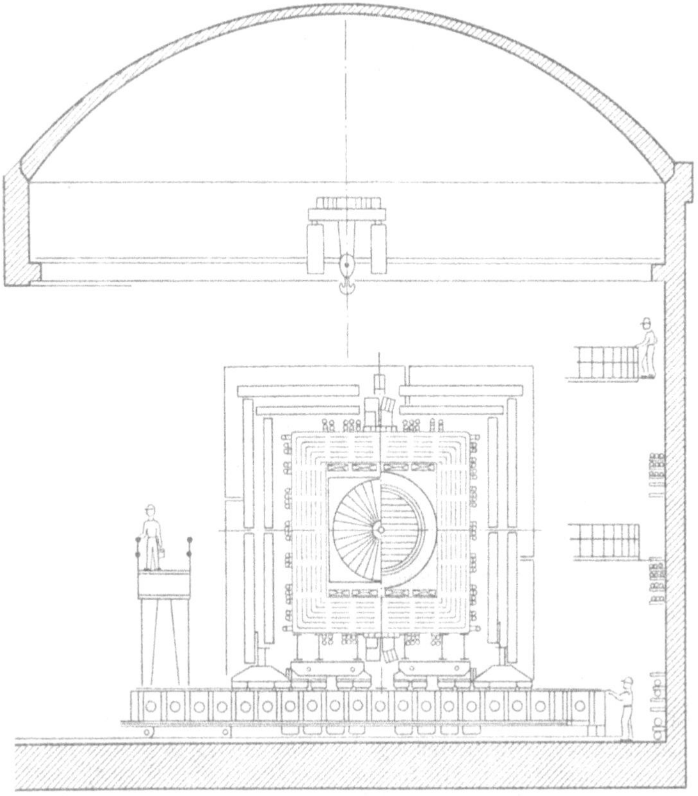

Abb. 39. Schematische Darstellung der UA1-Anlage in einem Schnitt senkrecht zum Protonstrahl

Die experimentellen Anlagen, mit denen die W- und Z-Bosonen beobachtet wurden, sind Unikate; sie vereinen gigantische Ausmaße mit höchster Präzision. In den Abbn. 39, 40 und 41 ist die UA1-Anlage schematisch dargestellt. Abb. 39 gibt einen Schnitt senkrecht zum Protonenstrahl wieder, und Abb. 40 stellt eine Aufsicht dar: die Protonen laufen längs der Achse des Gerätes von links kommend und die Antiprotonen von rechts kommend ein. In Abb. 41 ist die Anlage teilweise auseinandergenommen, so daß der zentrale Detektor sichtbar ist; dieser befindet sich in einem Magnetfeld von 0,7 T, das von einem Magneten der Masse 8000 t erzeugt wird. Das Innenvolumen des Magneten beträgt 80 m³, davon nimmt der zentrale Detektor mit der Länge 5,8 m und dem Durchmesser 2,3 m ungefähr 25 m³ ein.

Der zentrale Detektor selbst ist eine mit einem Gasgemisch aus Argon und Äthan gefüllte Driftkammer. In ihr befinden sich

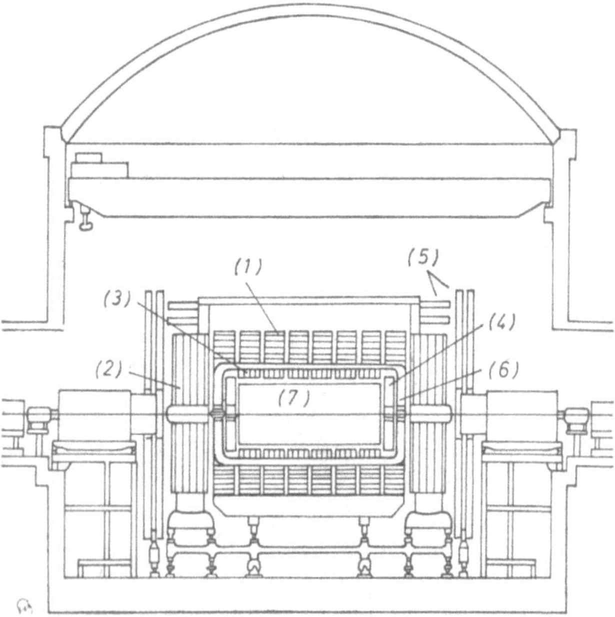

Abb. 40. Schematische Darstellung der UA1-Anlage in einem Schnitt längs des Protonstrahls: (1) Hadronkalorimeter und Magnetjoch, (2) stirnseitiges Hadronkalorimeter, (3) elektromagnetisches Hauptkalorimeter, (4) stirnseitiges elektromagnetisches Kalorimeter, (5) Myon-Detektor, (6) Aluminiummantel, (7) zentraler Detektor

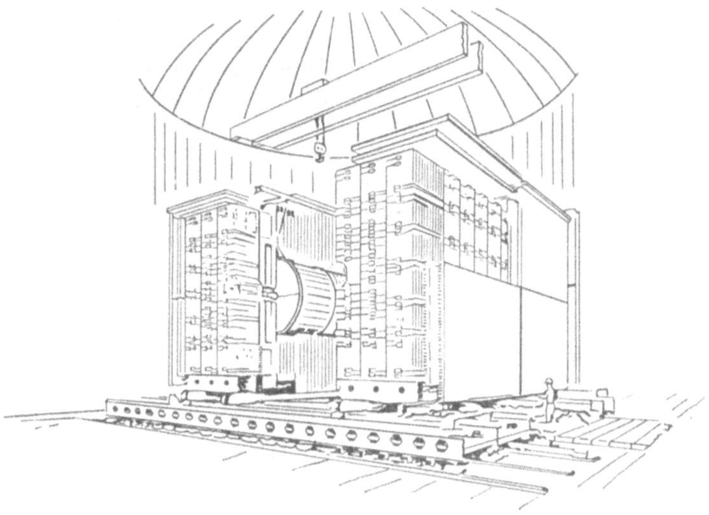

Abb. 41. Schrägansicht der UA1-Anlage (außer Betrieb), wenn die vorderen und hinteren Teile des Magneten demontiert sind

6000 sehr dünne, in Ebenen mit einem Abstand von 18 cm angebrachte Drähtchen, welche die von den ionisierenden Teilchen aus den Atomen des Gasgemischs ausgelösten Elektronen registrieren. Weitere 17000 solcher Drähtchen erzeugen das elektrische Feld, in dem die Elektronen mit einer Geschwindigkeit von 5,3 cm/μs driften. Die maximale Driftzeit der Elektronen beträgt 3,6 μs; diese Zeit ist etwas kleiner als das Intervall (3,8 μs) zwischen zwei aufeinanderfolgenden Zusammenstößen der Bündel von Protonen und Antiprotonen in der Vakuumkammer des Colliders, der entlang der Zylinderachse verläuft. Die von den registrierenden Drähtchen ausgehenden Signale werden von einer schnellen Elektronik verarbeitet und in einen Computer eingespeist, der die Teilchenbahnen rekonstruiert und die Impulse der Teilchen berechnet.

Der zentrale Detektor ist von einem elektromagnetischen Kalorimeter umgeben, in dem Elektronen, Positronen und Photonen absorbiert werden und der die Energie dieser Teilchen mißt. (Das elektromagnetische Kalorimeter besteht aus aufeinanderfolgenden Schichten von Szintillatoren und Blei. Die Bezeichnung „Kalorimeter“ leitet sich einfach daraus ab, daß es die gesamte Energie der einfallenden Teilchen mißt.)

Die sehr viel energiereicheren Hadronen durchlaufen das elektromagnetische Kalorimeter praktisch ohne Energieverlust. Sie werden im Hadron-Kalorimeter gestoppt; als solches dient das von Szintillatorschichten durchsetzte Joch des Magneten. Das Hadron-Kalorimeter mißt die Energie der Hadronen.

Und schließlich ist die gesamte Anlage von außen durch 50 Driftkammern der Ausmaße $4 \times 6\ m^2$ umgeben, die für die Registrierung der Myonen vorgesehen sind.

Für die UA1-Anlage sind zwei vertikale Schächte mit einem Durchmesser von 20 m eingerichtet. Einen dieser Schächte durchläuft in horizontaler Richtung der Strahl des Colliders; der andere Schacht dient als „Garage“ für die Anlage, wenn der Collider nicht in Betrieb ist. Die gesamte UA1-Anlage hat eine Masse von 2000 t. Sie wird zwischen den Schächten auf Schienen bewegt.

Eine weitere, dem Nachweis der intermediären Bosonen dienende Einrichtung, die UA2-Anlage, hat keinen großen Magneten: Sie ist kleiner und leichter als die UA1-Anlage, und sie wird auf einem Luftkissen in dem 50 m unter der Erdoberfläche befindlichen Experimentiersaal bewegt. (Die Buchstaben UA bedeuten übrigens Underground Area. Zwischen 1981 und 1983 wurden insgesamt sechs Experimente am $p\bar{p}$-Collider des CERN durchgeführt, die die Bezeichnung UA1 bis UA6 erhielten.)

Von den neuen, einzigartigen Dimensionen der beschriebenen Experimente kündet auch die Tatsache, daß der von der UA1-Gruppe publizierte Artikel mit der Nachricht vom Nachweis der W-Bosonen insgesamt 137 Autoren aufweist.

Die größte Schwierigkeit bei der Suche nach den intermediären Bosonen bestand darin, daß die Wahrscheinlichkeit für ihre Erzeugung sehr klein ist. Aus der Gesamtheit aller bei den Stößen von Protonen mit Antiprotonen ablaufenden Prozesse beträgt der Anteil der Prozesse

$$p\bar{p} \to W^{\pm} + \text{Hadronen}$$
$$\quad\ \ \llcorner\!\!\longrightarrow e^{\pm}\nu$$

nur etwa 10^{-8}, und der Anteil der Prozesse

$$p\bar{p} \to Z + \text{Hadronen}$$
$$\quad\ \ \llcorner\!\!\longrightarrow e^{+}e^{-}$$

sogar nur 10^{-9}. Man hatte also buchstäblich die Nadel, nämlich das intermediäre Boson, in einem Heuschober zu suchen, der aus Milliarden von Ereignissen der starken Wechselwirkung bestand, wobei in jedem dieser Ereignisse Dutzende von Teilchen erzeugt worden waren. Diese riesige Zahl gestattet auch noch einen anderen Vergleich: die Suche nach einer bestimmten Person unter den 5 Milliarden Bewohnern unserer Erde.

Aus einer Milliarde von $p\bar{p}$-Streuprozessen, die im Verlaufe der 30tägigen Laufzeit des UA1-Experiments im November/Dezember 1982 gewonnen wurden, eliminierte die schnelle Elektronik zunächst 999 Millionen uninteressanter Ereignisse. Dem Computer wurden lediglich 1 Million Ereignisse eingespeist, und zwar jene, die Teilchen mit einem großen Transversalimpuls, d. h. Teilchen mit großer Energie und großem Winkel gegen die Strahlrichtung, enthielten. Unter diesen befanden sich schließlich etwa 1000 Ereignisse, die Elektronen mit einer transversalen Energie enthielten, die größer als 15 GeV war. Aus diesen 1000 Ereignissen sonderten die Physiker auf Grund allseitiger Analyse ganze sechs Kandidaten von W-Bosonen aus!

Wie wir bereits sagten, erscheint beim Zerfall eines W-Bosons als charakteristisches Symptom das Auftreten eines Elektrons mit großer Transversalenergie. Beim Zerfall eines ruhenden W-Bosons mit einer Masse von etwa 80 GeV „erben" das Elektron und das Neutrino zu gleichen Teilen, so daß jedes dieser Teilchen eine kinetische Energie von rund 40 GeV hat. Wenn das Elektron mit einer Energie der Größenordnung von 40 GeV unter einem Winkel von $(90 \pm 30)°$ gegenüber der Achse der Anlage aus dem Wechselwirkungsbereich austritt, dann überschreitet seine transversale Energie 30 GeV. Vier der sechs W-Kandidaten genügten diesem Kriterium.

Das andere Charakteristikum des Zerfalls $W \to e\nu_e$ ist natürlich das Neutrino. Wegen der Impulserhaltung muß der transversale Impuls des Neutrinos dem transversalen Impuls des Elektrons entgegengerichtet und von gleichem Betrage sein (der kleine transversale Impuls des zerfallenden W-Bosons kann außer Betracht bleiben). Das Neutrino ist ein sehr „durchdringendes" Teilchen. Für ein Neutrino der Energie 40 GeV beträgt die mittlere freie Weglänge in Eisen, die es ohne Wechselwirkung durchläuft, mehr als eine Million Kilometer, so daß es die UA1-Anlage ungesehen verläßt, ohne irgendeine Spur zu hinterlassen. Das Fehlen jeglicher Spur ist aber letztlich das wichtigste Indiz, das für die Teilnahme des Neutrinos an der Zerfallsreaktion spricht.

Alle anderen Teilchen werden nämlich entweder in der Anlage gestoppt (Elektronen, Positronen, Photonen und Hadronen) oder zu guter Letzt in ihrer Umhüllung gefangen (Myonen). Folglich wird das Herausfliegen eines Neutrinos mit großem Transversalimpuls aus der Anlage dadurch bezeugt, daß der Impulssatz gerade in dem Maße verletzt zu sein scheint, wie es dem Transversalimpuls des Neutrinos entspricht. Bei den vier oben erwähnten W-Kandidaten lag der Wert des „fehlenden" Transversalimpulses gerade im Intervall zwischen 30 und 40 GeV!

Kurz nach der Veröffentlichung durch die UA1-Gruppe konnte auch die UA2-Gruppe die Beobachtung des ersten W-Boson-Ereignisses mitteilen.

Von April bis Juni 1983 lief ein weiterer Arbeitszyklus des Colliders, im Ergebnis dessen sich die Gesamtzahl der W-Boson-Ereignisse der Hundert näherte; es konnten auch etwa 10 Ereignisse von Z-Zerfällen in ein Elektron-Positron-Paar registriert werden. Die Massen der W- und Z-Bosonen, die sich aus diesen experimentellen Daten ergaben, lagen etwas über 80 bzw. 90 GeV. Auch die experimentellen Werte für den Erzeugungsquerschnitt dieser Bosonen und für die Winkelverteilung ihrer Zerfallsprodukte entsprachen den Voraussagen der Standardtheorie.

Die Entdeckung der W- und Z-Bosonen, dieser erstaunliche Triumph der Theorie, war jedoch nur möglich dank der außergewöhnlichen Kunstfertigkeit der Experimental- und Beschleunigerphysiker. Eine von der Informationsabteilung des CERN im Jahre 1981 herausgegebene populärwissenschaftliche Broschüre mit dem Titel „Das Antiprotonprodukt des CERN" eröffnet die Historie dieses Projekts mit den folgenden Zeilen:

1967: Am Institut für Kernphysik in Novosibirsk (UdSSR) wurde die Methode der Abkühlung mittels Elektronen erfunden; sie ist eine Voraussetzung für die Erzeugung intensiver Antiprotonstrahlen, mit deren Hilfe die physikalischen Erscheinungen bei Stößen von Proton-Antiproton-Strahlen der Energie von 25 GeV untersucht werden können.

1968: Am CERN wurde die Methode der stochastischen Kühlung erfunden ...

Der „Vater" der genannten Elektronenkühlung von Antiprotonen war der sowjetische Akademiker G. I. Budker (1918—1977). Die stochastische Kühlung wurde von dem holländischen Physiker S. van der Meer entdeckt. Wir wollen hier nicht das Wesen dieser Methoden erklären, sondern nur vermerken, daß ohne Kühlung der Antiprotonen der $p\bar{p}$-Collider nicht arbeiten kann. Es ist deshalb nicht verwunderlich, daß der Nobelpreis für die Entdeckung der intermediären Bosonen im Herbst 1984 an den Experimentalphysiker C. Rubbia und den Beschleunigerphysiker S. van der Meer zu gleichen Teilen verliehen wurde. Wie Sie sich erinnern werden, erhielten die theoretischen Physiker den Nobelpreis für die intermediären Bosonen bereits 1979, sozusagen im voraus, in sicherer Erwartung des Künftigen. Möglicherweise vereinigten bisher bei keiner anderen fundamentalen physikalischen Entdeckung so viele Wissenschaftler und Ingenieure der verschiedensten Disziplinen ihre Bemühungen in solch harmonischer Weise.

Es ist lehrreich, die Entdeckung des Z-Bosons mit der Entdeckung seines nächsten Verwandten, des Photons, zu Beginn dieses Jahrhunderts zu vergleichen. Wir baden geradezu in einem Ozean von Licht, die Photonen stürzen sich buchstäblich ins Auge. Die Hauptschwierigkeit bei der Entdeckung der Photonen bestand also nicht darin, sie zu erzeugen, sondern vielmehr darin, in diesem Ozean von Photonen ein einzelnes Teilchen, ein Quant, zu isolieren. Bei den Z-Bosonen beläuft sich die Zählung von Anfang an auf wenige Exemplare. Hier war die Hauptschwierigkeit mit der Erzeugung dieser Teilchen verknüpft. Der Grund für diesen fundamentalen Unterschied besteht darin, daß das Photon masselos, das Z-Boson dagegen sehr schwer ist. Wenn das Z-Boson auch masselos wäre, könnte es sogar leichter als das Photon beobachtet werden, und zwar deshalb, weil die Ladung g_z größer als die elektrische Ladung e ist.

In den letzten Jahren wurde die Untersuchung der W- und Z-Bosonen am $p\bar{p}$-Collider des CERN weitergeführt. Im Jahre 1987 würde auch am Tevatron, dem $p\bar{p}$-Collider des FNAL, bei dem die Energie der Protonen und Antiprotonen 1 TeV = 1000 GeV erreichen soll, das Studium der intermediären Bosonen aufgenommen.

Schließlich muß man die „Z-Boson-Fabriken", die Elektron-Positron-Collider SLC (1986) und LEP (1988), anführen. Die erste dieser Maschinen hat den Linearbeschleuniger am Stanford Linear Accelerator Center (SLAC) in Stanford, Californien (USA), zur Grundlage: Elektronen und Positronen werden in diesem synchron beschleunigt und im Verzweigungspunkt des „Tennisschlägers" getrennt (Abb. 42). Die zweite dieser Maschinen mit einem Kreisumfang von 27 km wird am CERN gebaut; in ihr werden etwa 20 bis 30 Z-Bosonen pro Minute erzeugt werden. In beiden Collidern wird die Energie der Elektronen und Posi-

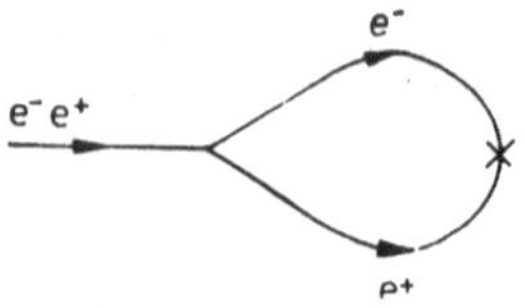

Abb. 42. Schematische Skizze des Linear-Colliders SLC in Stanford

tronen soweit angereichert (etwa auf 46 GeV für jedes Teilchen), daß e^+ und e^- beim Zusammenstoß gerade die Resonanzenergie zur Erzeugung des Z-Bosons erreichen.

Den gigantischen Ausmaßen des LEP-Colliders sind auch die vier geplanten Experimentieranlagen angepaßt. Wir wollen hier nur eine von ihnen, die L3-Anlage erwähnen (nebenbei sei gesagt, daß an ihrer Konstruktion auch Moskauer Physiker beteiligt sind). Die gesamte Anlage wird in einem großen Elektromagneten der Masse 6000 t mit den äußeren Ausmaßen $16 \times 16 \times 16\ m^3$ und dem inneren Volumen von $12 \times 12 \times 12\ m^3$ untergebracht werden. In dieses Volumen wird ein 300-Tonnen-Kalorimeter aus Uran für die Hadronen eingebracht, das seinerseits ein 10 Tonnen schweres elektromagnetisches Kalorimeter aus 12000 BGO-($Bi_4Ge_3O_{12}$-) Monokristall-Scintillatoren umschließt.

Colliderphysik nach dem Z-Boson

Nach der Entdeckung des Z-Bosons besteht die Aufgabe Nummer Eins der Hochenergiephysik in der theoretischen Analyse, der Entdeckung und der Untersuchung der skalaren Bosonen, der fundamentalen Teilchen mit dem Spin Null. Diese Teilchen werden nach dem englischen Theoretiker P. Higgs gewöhnlich als Higgs- oder kurz H-Bosonen bezeichnet.

Heutzutage spielen die H-Bosonen in der theoretischen Physik gleich mehrere sehr wichtige Rollen. Erstens zeichnen sie für die Massen der Leptonen, der Quarks und der intermediären Bosonen verantwortlich. Zweitens verursachen sie die „Verdrehung" der oberen gegenüber den unteren Quarks und damit die Existenz der neun (anstatt der sonst lediglich drei) geladenen Quarkströme. Und drittens ist mit den Higgsen wahrscheinlich die Verletzung der CP-Symmetrie, möglicherweise sogar der P-Symmetrie, der schwachen Prozesse verknüpft. Es ist leider sehr schwierig, sozusagen „aus dem Handgelenk heraus" zu erklären, wie die Higgs-

Bosonen all dies zu bewerkstelligen vermögen. Dazu ist ein ganzes Buch vonnöten, welches zweifellos geschrieben werden wird, falls diese Teilchen entdeckt werden.

Die Theorie der H-Bosonen befindet sich bisher noch nicht in jenem guten Zustand, den die Theorie der W- und Z-Bosonen vor fünfzehn Jahren erreicht hatte. Sie enthält noch zuviel Willkür (frei wählbare Parameter) und, was noch schwerer wiegt, sie macht keine hinreichend exakten Angaben darüber, welche Masse (oder Massen) diese Teilchen haben. Die untere Grenze ist ungefähr 10 GeV, die obere Grenze liegt bei etwa 1000 GeV.

Wenn die H-Bosonen leicht sind, dann könnten sie an den bereits existierenden oder aber am LEP-Collider entdeckt werden. Wenn sie jedoch schwer sind, dann wird man bis in die 90er Jahre warten müssen, bis man in die Ära der Super-Collider eintreten wird. Der Beschleuniger-Akkumulator-Komplex UNK in Protvino (nahe bei Serpuchov) ist für Energien der aufeinanderstoßenden Protonen bis zu 3 TeV vorgesehen, und der mit supraleitenden Hochleistungsmagneten geplante SSC in den USA soll Protonenenergien von 40 TeV erreichen. Die Parameter dieser riesigen Maschinen, der SSC wird einen Umfang von etwa 100 km haben, sind noch nicht endgültig fixiert. Es sind auch zusätzliche Aufbauten im LEP-Tunnel für einen Hadron-Collider (LHP) mit Proton- und Antiproton-Energien von etwa 10 TeV in der Diskussion. In Novosibirsk plant man eine Maschine mit gegenläufigen linearen Strahlen von Elektronen und Positronen (VLEPP) mit Energien von 500 GeV.

Diese großen Maschinen sind auch mit gewissen Hoffnungen auf die Entdeckungen der sogenannten Preonen verknüpft. Dies sind hypothetische Teilchen, aus denen zufolge bestimmter theoretischer Vorstellungen die Quarks und Leptonen zusammengesetzt sein sollten. Es kann sogar sein, daß nicht nur die Quarks und Leptonen, sondern auch einige (oder gar alle) Vektorbosonen, also $W^\pm$, Z^0, die Gluonen und das Photon, und möglicherweise auch die Higgs-Bosonen, zusammengesetzte Teilchen sind.

Aus den Überlegungen über die Preonen läßt sich die Existenz einer Vielzahl von Fermionen und Bosonen ableiten, die man heute noch zu den fundamentalen Teilchen zählt; auch die Vielfalt ihrer Eigenschaften läßt sich so begründen. Bisher führten derartige Überlegungen allerdings nicht zu einer wirklich überzeugenden Theorie. Vermutlich erfordert die Lösung dieser Problematik die Aufdeckung ganz neuartiger Prinzipien.

Die Super-Collider werden auch noch für die mögliche Bestätigung einer weiteren Erfindung der Theoretiker, der sogenannten Supersymmetrie, gebraucht. Hierbei handelt es sich um eine Symmetrie zwischen Fermionen und Bosonen. In der einfachsten Version der Supersymmetrie wird jedem schon bekannten Teilchen ein „Superpartner" zugeordnet, dessen Spin sich um 1/2 von dem des Teilchens unterscheidet: dem Photon wird das Photino (ein Teilchen mit dem Spin 1/2), den Leptonen und Quarks die Leptinos und Quarkinos (Teilchen mit dem Spin 0, die man häufig auch Sleptonen und Squarks nennt), dem Higgs-Boson das Higgsino (ein Teilchen mit dem Spin 1/2) usf. zugeordnet. Wenn die Supersymmetrie in der Natur realisiert ist, dann allerdings nur in stark gebrochener Weise. Man muß ja voraussetzen, daß alle angeführten „...inos" hinreichend schwer sind, um zu erklären, daß sie bisher noch nicht gefunden wurden. Eindeutige Voraussagen über die Massen der „...inos" gibt es leider nicht. Es gibt aber ernsthafte Erwägungen, wonach diese Teilchen nicht wesentlich schwerer als 100 GeV sein sollten.

Doch auch ohne die riskante Jagd nach irgendwelchen wunderlichen Ausgeburten der theoretischen Phantasie (riskant deshalb, weil es keine Erfolgsgarantie gibt) haben die an den Collidern arbeitenden Physiker ihr gesichertes Auskommen. Hierbei habe ich vor allem die quantitative Untersuchung der starken Wechselwirkung zwischen Gluonen und Quarks im Blick. Besonderes Interesse kommt dabei der experimentellen Erforschung der hadronischen Jets zu, die ich bereits mehrmals erwähnt hatte.

An den Elektron-Positron-Collidern werden hauptsächlich die quarkinduzierten Hadron-Jets erzeugt, deren Ausgangspunkt die Erzeugung eines Quark-Antiquark-Paares ist (Abb. 43a$_1$)). Auseinanderfliegend produzieren das hochenergetische Quark und das hochenergetische Antiquark eine große Anzahl von Quark-

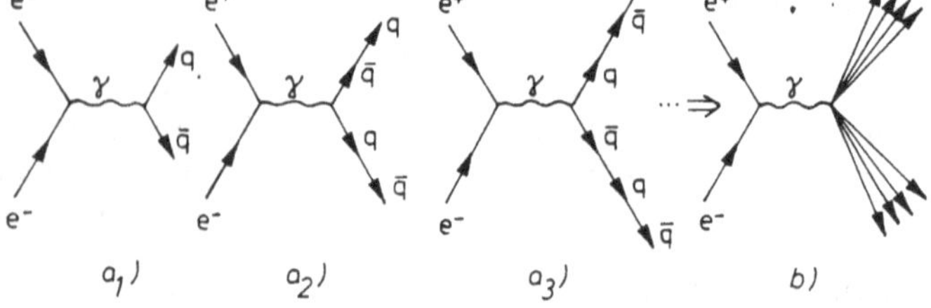

Abb. 43. Bildung zweier hadronischer Jets beim Auseinanderfliegen eines Quarks und eines Antiquarks, die bei hochenergetischen Elektron-Positron-Stößen entstanden

Antiquark-Paaren (Abb. 43a_2), a_3), ...), so daß sich die colourgeladenen Teilchen auf große Entfernungen schon angesichts der colourneutralen Komplexe, die sich dann in Hadronen umwandeln, verlieren. Im Ergebnis dieses Prozesses bildet sich längs der Richtung jedes der ursprünglichen Quarks ein relativ schmales Bündel von Hadronen (Abb. 43b)). Die Winkelverteilung der Bündelachsen fällt mit der Winkelverteilung ihrer Stammväter, des Quarks und des Antiquarks, zusammen.

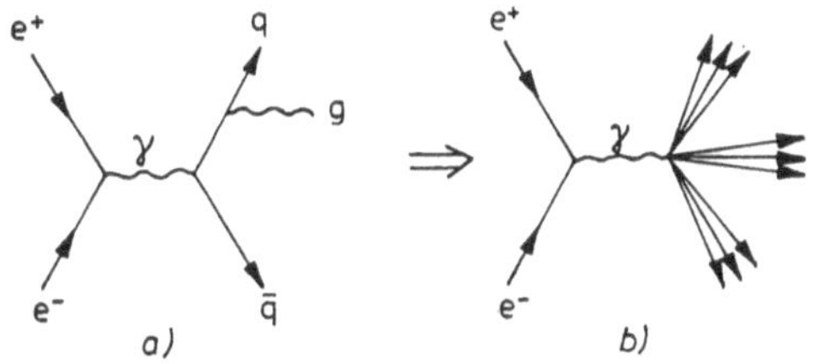

Abb. 44. a) Emission eines Gluons durch ein hochenergetisches Quark, b) die im Ergebnis dieses Prozesses entstehenden drei hadronischen Jets; je ein Jet entwickelt sich aus dem Quark, dem Antiquark und dem Gluon

Solange die gegenseitigen Abstände noch klein sind, kann eines der Stamm-Quarks auch ein energiereiches Gluon unter großem Winkel ausstrahlen (Abb. 44a)); dieses induziert seinerseits einen weiteren, gluonischen Jet (Abb. 44b)). Besonders großes Interesse verdient die Untersuchung der Unterschiede zwischen quark- und gluoninduzierten Hadron-Jets.

An den Proton-Antiproton- und Proton-Proton-Collidern müssen gluonische Jets häufiger als die quarkinduzierten Jets erzeugt werden. Zwei Quark-Jets werden bei der Weitwinkelstreuung von Quark mit Quark oder Quark mit Antiquark erzeugt, je zwei Gluon-Jets werden bei der Gluon-Gluon-Streuung erzeugt, und je ein Quark- und Gluon-Jet entstehen bei der Quark-Gluon-Streuung (Abb. 45).

Wie wir bereits erwähnten, wird etwa die Hälfte des Impulses der energiereichen Protonen von den Gluonen getragen. Gluon-Jets werden deshalb häufiger erzeugt, weil die Wahrscheinlichkeit der Gluon-Gluon-Streuung größer ist als die der anderen in Abb. 45 angegebenen Prozesse. Das hängt damit zusammen, daß die Gluonen, grob gesprochen, doppelte Colourladung tragen (sie sind rot-antigelb, blau-antirot usf.). Das Studium der Bildung

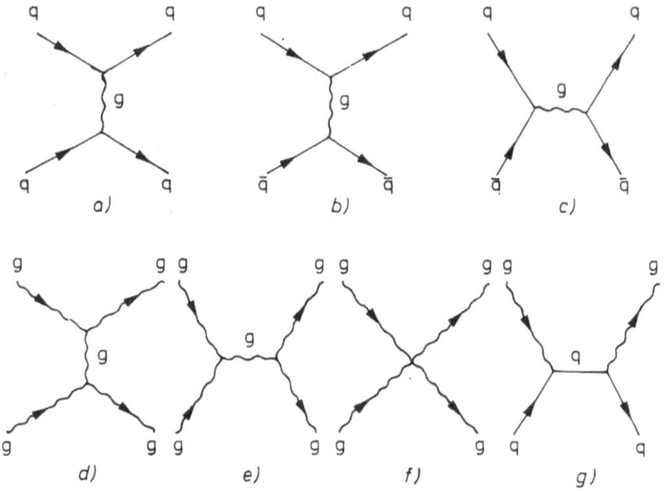

Abb. 45. Feynman-Diagramme der Quark-Quark-Streuung (a)), der Quark-Antiquark-Streuung (b), c)), der Gluon-Gluon-Streuung (d), e), f)) und der Gluon-Quark-Streuung (g))

von Gluon-Jets ermöglicht es, die Gluon-Gluon-Wechselwirkung im Detail zu untersuchen. Das ist eine recht interessante und wichtige Aufgabe. Besondere Bedeutung kommt beispielsweise dem Nachweis der spezifischen Vier-Gluon-Wechselwirkung (Abb. 45f)) zu, deren Existenz von der Quantenchromodynamik vorausgesagt wird.

Bei der Darlegung der Perspektiven der Colliderphysik erwähnte ich bisher die Suche nach dem t-Quark nicht. Das geschah letztlich nur deshalb nicht, weil ich überzeugt bin, daß der Leser auch ohne ausdrückliche Erinnerung die Entdeckung dieses Teilchens kaum erwarten können wird (vgl. S. 49).

„Stille Physik" und große Vereinheitlichung

Es wäre falsch zu denken, daß alle interessanten Experimente in Zukunft unausweichlich mit gigantischen Beschleunigern verknüpft sein werden. Großes Interesse genießt in der letzten Zeit die „stille Physik", die ihre Experimente in tief unterirdischen Laboratorien ausführt, in denen der zufällige Teilchenhintergrund durch die darüberliegenden Erdschichten weitgehend absorbiert wird. Hierbei habe ich in erster Linie jene Versuche im Auge, die die Stabilität des Protons betreffen.

Bekanntlich ist das Proton außerordentlich stabil; seine Lebensdauer überschreitet das Alter der Erde um mindestens 20 Größenordnungen. Die Feststellung einer so großen unteren Schranke für die Lebensdauer des Protons war möglich, weil uns so viele Protonen umgeben: in einem Gramm Wasserstoff sind $6 \cdot 10^{23}$ Protonen enthalten. Wenn man beispielsweise 9 Tonnen Wasser nimmt (d. h. 1 Tonne freier Protonen) und feststellt, daß während eines Jahres nicht ein einziges dieser Protonen zerfällt, dann kann man sagen, daß die Lebensdauer des Protons $6 \cdot 10^{29}$ Jahre überschreitet. Im letzten, genauesten Experiment dieser Art benutzte man einen Detektor, der 8000 t Wasser enthielt. Dieser riesige Detektor war in einem tiefen Schacht untergebracht, um den Hintergrund der kosmischen Strahlung abzuschirmen. Die Experimentatoren suchten den Zerfall $p \to e^+\pi^0$. Sie stellten fest, daß die Lebensdauer freier Protonen bezüglich dieses Zerfalls $1{,}9 \cdot 10^{31}$ Jahre beträgt; bezogen auf die Protonen im Kern des Sauerstoffs beträgt die Lebensdauer sogar $6{,}5 \cdot 10^{31}$ Jahre.

Das große Interesse am Zerfall des Protons kam vor etwa zehn Jahren mit der Entstehung der Theorien der großen Vereinheitlichung auf. Diese Theorien, oder richtiger, diese theoretischen Modelle, streben die Lösung folgender Aufgabenstellung an: Die starke, schwache und elektromagnetische Wechselwirkung sollen so vereinheitlicht werden, daß sie alle durch eine einzige Kopplungskonstante g charakterisiert werden können. Auf welche Weise ist es nun prinzipiell möglich, eine solche Theorie zu entwickeln, wenn doch nach unserer bisherigen experimentellen Erfahrung $g_S > g_W > e$ gilt? (Der Index S steht für engl. *strong* = stark, W für engl. *weak* = schwach.)

Der Schlüssel zur Lösung dieses Problems liegt in jener Erscheinung verborgen, die man Vakuumpolarisation nennt. Die Vakuumpolarisation ähnelt der Polarisation eines Dielektrikums, in das man eine elektrische Ladung einbringt. Unter dem Einfluß der Polarisation des Vakuums wird die elektrische Ladung des Elektrons in einem bestimmten Maße neutralisiert oder — wie man auch sagt — von den virtuellen Elektron-Positron-Paaren und anderen virtuellen Teilchen-Antiteilchen-Paaren, die sich im physikalischen Vakuum befinden, abgeschirmt. Diese Abschirmung der Ladung kommt dadurch zustande, daß das Elektron positiv geladene Teilchen anzieht und negativ geladene Teilchen abstößt. In großem Abstand vom Elektron wird daher eine geringere als die „nackte“ Ladung beobachtet. In dem Maße jedoch, in dem man tiefer in die das Elektron umgebende Wolke virtueller Teilchenpaare eindringt, wächst die beobachtete Ladung des Elektrons an. Dies trifft gleicherweise für die elektrische Ladung aller anderen Teilchen zu. Vermöge der Unbestimmtheitsrelation entspricht einer Verringerung des Abstands das Anwachsen des auf das Teilchen beim Beobachtungsprozeß übertragenen Impulses q. Die elektrische Ladung ist daher eine mit dem Impulsübertrag q wachsende Funktion: $e = e(q)$.

Ganz analog sind auch die starke und die schwache Ladung Funktionen von q:

$$g_S = g_S(q), \qquad g_W = g_W(q).$$

Im Unterschied zur elektrischen Ladung wachsen $g_S(q)$ und $g_W(q)$ mit q jedoch nicht an, sondern sie fallen ab. Diese bemerkenswerte Eigenschaft der starken und schwachen Ladung wird als asymptotische Freiheit bezeichnet (für asymptotisch große Impulsüberträge streben die Ladungen g_S und g_W gegen Null, die starke und die schwache Wechselwirkung „schalten sich aus“, und die Teilchen selbst verhalten sich wie freie, nicht wechselwirkende Objekte).

Die asymptotische Freiheit fällt für die starke Ladung g_s besonders ins Gewicht. (Hier, in der Quantenchromodynamik, ist sie ein besonderes Spezifikum der Wechselwirkung zwischen Quarks und Gluonen, und sie erscheint gewissermaßen als die Kehrseite des Confinements.) So gilt beispielsweise für $q = 1$ GeV $\alpha_S \approx 0{,}3$, und für $q = 100$ GeV gilt $\alpha_S \approx 0{,}1$; das Abklingen der starken Feinstrukturkonstanten setzt sich mit wachsendem q fort. (Man erinnere sich der Definitionen $\alpha_S = g_S{}^2/\hbar c$ und $\alpha_W = g_W{}^2/\hbar c$.)

Wenn man die Veränderung der „Konstanten“ $\alpha_S(q)$ und $\alpha_W(q)$ extrapoliert, dann stellt sich heraus, daß sie bei Impulsüberträgen von $q \approx 10^{14} \cdots 10^{15}$ GeV zusammentreffen müssen und dabei den gemeinsamen Wert 1/40 erreichen werden. Es erweist sich nun als besonders bemerkenswert, daß auch die elektromagnetische „Konstante“ $\alpha(q)$ bei diesen, der großen Vereinheitlichung entsprechenden, Impulsüberträgen den gleichen Wert annimmt. (Um exakt zu sein, wollen wir hier einfügen, daß diese Aussage für $\alpha_{em} = (8/3)\,\alpha(q)$ richtig ist; der Wert 8/3 bestimmt sich aus dem konkreten Modell der großen Vereinheitlichung und ist der errechnete Wert von $\sin^2 \theta_W$ für den entsprechenden Impulsübertrag.) Folglich gilt im Punkte der großen Vereinheitlichung (d. h. für $q \approx 10^{15}$ GeV)

$$\alpha_{em} = \alpha_S = \alpha_W = \alpha_{GUT} \approx 1/40$$

(der Index GUT leitet sich aus dem Englischen, von *grand unified theory*, ab.)

Die Vereinigung der „laufenden Kopplungskonstanten" der fundamentalen Wechselwirkungen ist in Abb. 46 dargestellt. Beim Blick auf diese Skizze, das Abbild dreier fundamentaler Kräfte, wird man unwillkürlich an die Skizze auf dem Einband des Buches erinnert, die die ersten physikalischen Gesetzmäßigkeiten dieser Kräfte symbolisiert, und man wird sich des erstaunlichen Weges bewußt, den die Physik zwischen diesen beiden Skizzen zurückgelegt hat.

Das einfachste aller Modelle, bei denen die Coloursymmetrie der starken Wechselwirkung und die elektroschwache Symmetrie bei Energien der Größenordnung 10^{15} GeV zu einer umfassenden Symmetrie vereinheitlicht werden, enthält 24 Vektorbosonen. Die eine Hälfte derselben ist uns wohlbekannt, es sind die Gluonen,

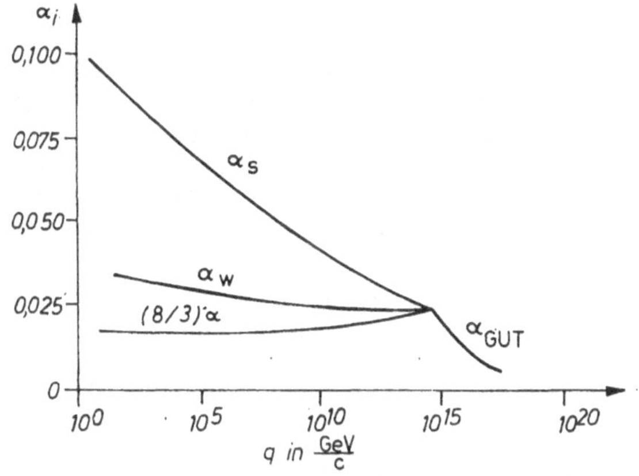

Abb. 46. Änderung der effektiven Ladung der starken (g_S), der schwachen (g_W) und der elektromagnetischen (e) Wechselwirkung mit dem Impulsübertrag q, dargestellt über die entsprechenden Feinstruktur-Konstanten $\alpha_S = g_S^2/\hbar c$, $\alpha_W = g_W^2/\hbar c$, $\alpha = e^2/\hbar c$, $\alpha_{GUT} = g_{GUT}^2/\hbar c$; g_{GUT} ist die Ladung der universellen vereinheitlichten Wechselwirkung

die intermediären Bosonen und das Photon. Die andere Hälfte sind überüberschwere Teilchen mit Massen von etwa 10^{15} GeV; sie werden X- und Y-Bosonen genannt. Jedes dieser Bosonen tritt – ähnlich wie die Quarks – in drei verschiedenen Farben auf, so daß man zusammen mit den Antiteilchen $\overline{X}$ und $\overline{Y}$ tatsächlich auf die Zahl 12 kommt. Die elektrische Ladung der X-Bosonen ist $Q_X = 4/3$, und die der Y-Bosonen ist $Q_Y = 1/3$.

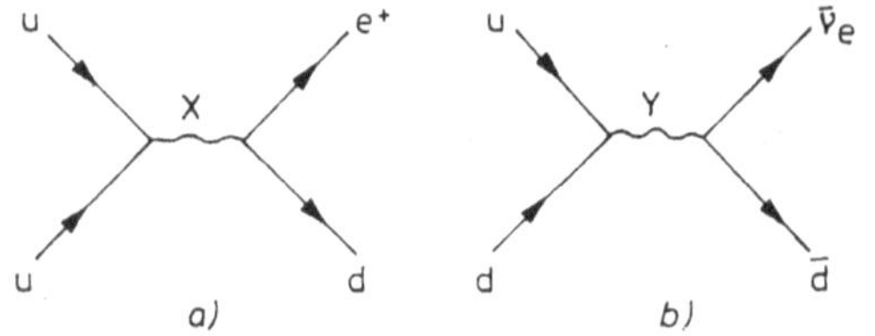

Abb. 47. Prozesse, die unter Beteiligung eines X- und Y-Bosons a) ein Proton in ein Positron und b) ein Neutron in ein Anti-Elektronneutrino umwandeln. (a): statt d lies $\overline{d}$

Die hervorstechendste Eigenschaft der X- und Y-Bosonen ist, daß sie beide mit zwei unterschiedlichen Typen von Strömen wechselwirken können, und zwar mit Quark-Quark- und Quark-Lepton-Strömen (Abb. 47). Kehrt man in den Abbildungen 47a) und b) gedanklich das auslaufende $\overline{d}$-Quark in ein einlaufendes d-Quark um, dann beschreibt das erste Diagramm die Umwandlung eines Protons in ein Positron und das zweite die eines Neutrons in ein Antineutrino. Bei realen Zerfällen muß diese Umwandlung von der Emission eines zusätzlichen Mesons (π^0) oder auch mehrerer Mesonen begleitet sein, damit der Erhaltungssatz von Energie und Impuls erfüllt ist.

Bestimmt man auf der Grundlage des Diagramms 47a) die Lebensdauer τ_p des Protons, dann erhält man

$$\frac{1}{\tau_p} \approx \frac{\alpha_{GUT}^2 m_p{}^5 c^2}{m_X{}^4 \hbar};$$

dabei ist $\alpha_{GUT} \approx 1/40$ die Feinstrukturkonstante der großen Vereinheitlichung, m_X die Masse des X-Bosons, und m_p die Masse des Protons (man vergleiche diese Formel mit der für die Lebensdauer des Myons). Geht man zu den üblichen Einheiten über, so zeigt sich, daß man eine Lebensdauer des Protons von etwa 10^{30} Jahren erwarten sollte. Genauere Rechnungen bestätigen diese Abschätzung: im einfachsten Modell der großen Vereinheitlichung hat das Proton eine Lebensdauer, die 10^{30} Jahre nicht überschreitet. Dieses Modell steht folglich im Widerspruch zum Experiment, das eine untere Schranke ganz nahe bei 10^{32} Jahren ergab. Es gibt aber kompliziertere Varianten der großen Vereinheitlichung, die keinen Widerspruch zu den bisherigen Versuchen ergeben. Leider gibt es gegenwärtig keine hinreichenden Begründungen dafür, das eine oder andere Modell zu favorisieren.

Es wäre sehr ärgerlich, wenn die Lebensdauer des Protons vielleicht 10^{35} Jahre betragen würde. Würde doch ungefähr ein Jahrzehnt vergehen, bis man solch große und so vollendete Detektoren konstruiert hätte, die in der Lage wären, einen so langsamen Zerfall zu registrieren! Auch unsere Beschleuniger, selbst wenn ihre Durchmesser das Mehrfache des Erddurchmessers betragen würden, können gleichfalls die Energien der großen Vereinheitlichung, die Schwelle zur Erzeugung der X- und Y- Bosonen, nicht erreichen. Davon kann man sich ganz leicht überzeugen, wenn man die Energie des Tevatrons (1 TeV) nimmt und mit dem Verhältnis des Umfangs des Erdäquators (40000 km) zum Umfang des Tevatrons (7 km) multipliziert. Wir sind daher völlig auf die Gunst der Natur angewiesen. Allerdings gibt es außer dem Protonzerfall noch einige wenige Erscheinungen, die Licht darauf zu werfen vermögen, wie in der Natur die große Vereinheitlichung vonstatten gehen könnte.

Vor allen anderen Möglichkeiten führen wir den Übergang des Neutrons in ein Antineutron an, der im Vakuum mit einer Übergangsperiode von einigen Jahren (oder etwas mehr) erfolgen sollte. Diese Erscheinung der Neutron-Antineutron-Vakuumoszillation bemühen sich verschiedene experimentelle Gruppen in intensiven Neutronenstrahlen an Kernreaktoren zu entdecken.

In den letzten Jahren, und nicht zuletzt dank der Problematik der großen Vereinheitlichung, fanden die Fragen der Neutrinomasse und der Neutrinooszillationen, d. h. der gegenseitigen Umwandlung von Neutrinos verschiedenen Flavours im Vakuum,

$$\nu_e \to \nu_\mu, \nu_\tau; \quad \nu_\mu \to \nu_e, \nu_\tau; \quad \nu_\tau \to \nu_e, \nu_\mu,$$

ein sehr starkes Interesse. Tatsächlich geht es hierbei darum, festzustellen, ob nicht etwa das Dreibein der Neutrinos (ν_e, ν_μ, ν_τ) gegenüber dem der geladenen Leptonen (e, μ, τ) in Abb. 28 verdreht ist, ähnlich wie die Dreibeine der „oberen" und „unteren" Quarks in Abb. 29 gegeneinander verdreht sind. Wären die Massen der Neutrinos gleich Null, dann bliebe eine solche gegenseitige Verdrehung prinzipiell unbeobachtbar. Wir merken dazu an, daß die gegenseitige Verdrehung der Quarkdreibeine ebenfalls unbeobachtbar wäre, würden die Massen des u-, c- und t- (oder des d-, s- und b-) Quarks gleich Null oder jeweils einander gleich sein.

Um klarer zu machen, worum es geht, betrachten wir Abb. 48 und Abb. 49. Wir sprechen offensichtlich über den schwachen geladenen Strom, den wir folgendermaßen aufschreiben wollen:

$$\nu_e' e + \nu_\mu' \mu + \nu_\tau' \tau + u'd + c's + t'b,$$

wobei sich die gestrichenen Zustände als Linearkombinationen der ungestrichenen Zustände ergeben (siehe Abb. 48c) und 49c)). Wenn die Massen der drei gestrichenen Zustände gleich Null

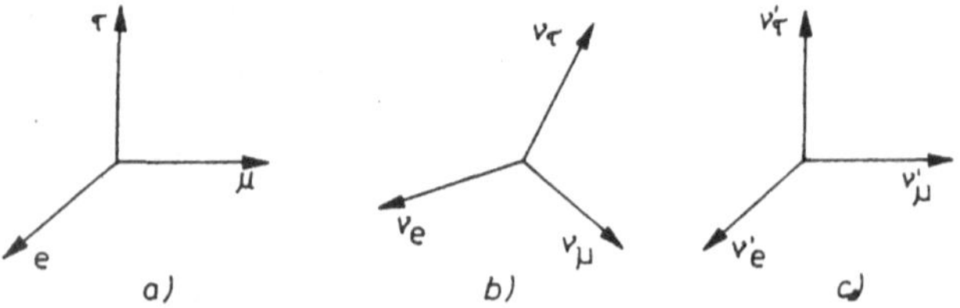

Abb. 48. Dreibein a) der drei geladenen Leptonen und b) der drei Neutrinos. Das gestrichene Neutrino-Dreibein (c)) folgt durch Drehung aus dem ungestrichenen Dreibein (b)), die Achsen des gestrichenen Neutrino-Dreibeins sind parallel zu den Achsen der entsprechenden geladenen Leptonen

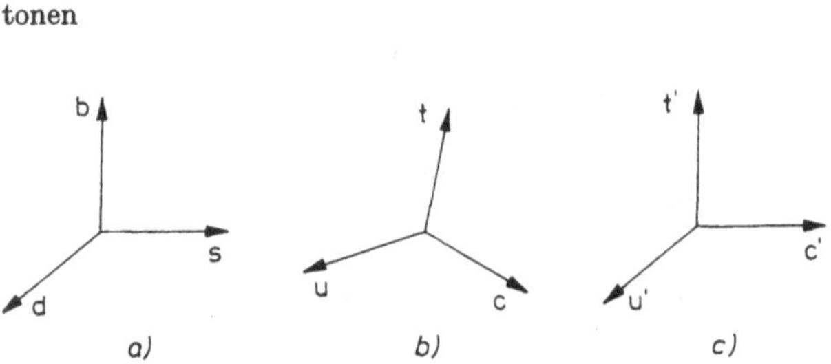

Abb. 49. Dreibein a) der drei „unteren" Quarks und b) der drei „oberen" Quarks. Die Achsen des Dreibeins der gestrichenen oberen Quarks (c)) ergeben sich durch Drehung aus den Achsen der ungestrichenen oberen Quarks (b)) und sind parallel zu den Achsen der entsprechenden unteren Quarks

(oder auch nur untereinander gleich) wären, dann würden in alle beobachtbaren physikalischen Erscheinungen nur die gestrichenen Zustände eingehen, und wir könnten nichts vom Vorhandensein der ungestrichenen Zustände erfahren.

Wenn die Massen der ungestrichenen Zustände verschieden von Null oder nur paarweise voneinander verschieden sind, dann ändert sich die Phase der Vakuum-Wellenfunktion $e^{i\omega t}$ jedes dieser Teilchen mit einer unterschiedlichen Frequenz,

$$\omega = E/\hbar = \sqrt{m^2 + \boldsymbol{p}^2}/\hbar ,$$

so daß im Vakuum eine gegenseitige Umwandlung der gestrichenen Zustände stattfindet. Für die Existenz der Neutrino-Oszillationen im Vakuum ist also nicht nur die Verdrehung des Neutrinodreibeins gemäß Abb. 48b) erforderlich, es müssen auch die Massen mindestens zweier Typen von Neutrinos voneinander verschieden sein.

Die bisherige Suche nach Neutrino-Oszillationen in den Neutrinoströmen von Kernreaktoren und an den großen Beschleunigern konnte diese Erscheinung nicht bestätigen. Das hängt möglicherweise damit zusammen, daß der entsprechende Drehwinkel außerordentlich klein ist, oder damit, daß die Unterschiede in den Massen der Neutrinos sehr klein sind; vielleicht trifft aber auch beides zu. Wenn man annimmt, daß der Drehwinkel in Abb. 48 nicht klein ist, dann folgt aus den bisherigen Experimenten, daß die Unterschiede in den Quadraten der Neutrinomasse wesentlich kleiner als 1 eV^2 sein müssen. Die Modelle der großen Vereinheitlichung geben keine eindeutige Antwort auf die Frage, ob man die Massen der Neutrinos gleichzusetzen hat. Aber in der Mehrzahl der Modelle sind diese Massen klein (kleiner oder wenigstens von der Ordnung 10^{-5} eV).

In den Modellen der großen Vereinheitlichung gibt es, zumindest auf dem Papier als Ergebnis theoretischer Überlegungen, weitere, sehr interessante Objekte: isolierte magnetische Ladungen oder magnetische Monopole. Die Masse dieser Objekte muß nach den Berechnungen noch etwa zwei Größenordnungen über der Masse der X- und Y-Bosonen liegen. Es ist klar, daß die Erzeugung so schwerer Objekte im Labor unmöglich ist. In dieser Situation kann man nur hoffen, daß solch ein Monopol zufällig einmal, aus der Tiefe des Weltalls kommend, ein ihn erwartendes Nachweisgerät durchläuft und, gewissermaßen als lebender Zeuge längst vergangener Zeiten, von jener Phase der

Entwicklung des Weltalls Kunde gibt, als der Kosmos derart heiß war, daß sich Monopol-Antimonopol-Paare bilden konnten, und es sich andererseits so schnell ausdehnte und dabei abkühlte, daß diese Paare nicht in der Lage waren, wieder zu annihilieren.

Über diese heiße Phase des Weltalls werden wir binnen kurzem noch zu berichten haben. Zuvor wenden wir uns aber der Frage zu, welche Perspektiven die Super-Vereinheitlichung, d. h. die einheitliche Theorie der starken, elektromagnetischen, schwachen und gravitativen Wechselwirkung hat.

Supervereinheitlichung?

Gleich zu Beginn unseres Buches hatten wir den Umlauf eines Sputniks um die Erde diskutiert und als Ausgangspunkt für die Erörterung der Bindungsenergie des Elektrons im Atom genommen. Seither wandten wir uns der gravitativen Wechselwirkung der Materie nicht wieder zu. Als wohlbekannte Rechtfertigung für diese Unterlassung kann der Umstand dienen, daß die gravitative Wechselwirkung unter Laborbedingungen außerordentlich schwach ist. Zum Beispiel ist die potentielle Energie der Massenanziehung zwischen zwei langsamen Protonen

$$U(r) = -G_N m_p^2/r,$$

wobei r der Abstand zwischen den Protonen, m_p deren Masse und G_N die Newtonsche Konstante ist. In SI-Einheiten gilt

$$G_N = 6{,}7 \cdot 10^{-11}\ \mathrm{m^3\,kg^{-1}\,s^{-2}}.$$

In diesen Einheiten ist schwer zu erkennen, ob diese Konstante groß oder klein gegenüber den Kopplungskonstanten der anderen fundamentalen Wechselwirkungen ist. Wenn man aber zur Energieeinheit 1 eV übergeht und, wie allgemein üblich, die Faktoren $\hbar$ und c abtrennt, dann wird sofort klar, daß die Newtonsche Konstante ungewöhnlich klein ist:

$$G_N = 6{,}7 \cdot 10^{-39} \hbar c^5\ \mathrm{GeV^{-2}}.$$

In natürlichen Einheiten $\hbar = c = 1$ ist die Konstante G_N folglich 33 Größenordnungen kleiner als die Fermische Konstante der schwachen 4-Fermionen-Wechselwirkung:

$$G_F = 1{,}2 \cdot 10^{-5} \hbar^3 c^3 \,\mathrm{GeV}^{-2}.$$

Die gravitative Anziehung zweier langsamer Protonen ist beispielsweise 36 Größenordnungen schwächer als ihre coulombsche Abstoßung. Im Falle zweier Elektronen beträgt dieser Unterschied gar 42 Größenordnungen. In dem Maße jedoch, in dem die Energie E der sich stoßenden Elektronen anwächst, gewinnt auch die gravitative Anziehung zwischen ihnen an Stärke. Tatsächlich wächst die potentielle Energie ihrer Wechselwirkung wie E^2, und nur für langsam bewegte, nichtrelativistische Teilchen ist sie proportional zu m^2. Wie man leicht nachprüft, muß dann bei Energien der Größenordnung $E \approx 10^{18}$ GeV die gravitative Anziehung die coulombsche Abstoßung der Elektronen gerade kompensieren. Wenn man schließlich zu Energien $E \approx 10^{19}$ GeV und zu den korrespondierenden Abständen $r \approx \hbar c / (10^{19}\,\mathrm{GeV}) \approx 10^{-33}$ cm übergeht, dann wird die gravitative potentielle Energie der Elektronen gleich ihrer kinetischen Energie, und die Gravitation gewinnt die Oberhand.

Die Größe

$$m_{\mathrm{Pl}} = (\hbar c / G_N)^{1/2} \approx 1{,}2 \cdot 10^{19}\,\mathrm{GeV}/c^2 \approx 2 \cdot 10^{-5}\,\mathrm{g}$$

wird als Plancksche Masse bezeichnet. Bei Energien und Impulsüberträgen von der Größenordnung m_{Pl} dominiert die Gravitation alle anderen Wechselwirkungen. Man richte übrigens die Aufmerksamkeit auch auf den Umstand, daß sich die Plancksche Masse von der Energie der großen Vereinheitlichung um ganze 4 bis 5 Größenordnungen, und von der Monopolmasse sogar um zwei Ordnungen weniger, unterscheidet. Dies gibt Grund zu der Annahme, daß sich in unmittelbarer energetischer Nachbarschaft der Planckschen Masse jene Schmiede befindet, in der die uns bekannten grundlegenden Gesetzmäßigkeiten der physikalischen Welt geschmiedet werden.

Nach unseren gegenwärtigen theoretischen Vorstellungen sind die Quanten des Gravitationsfeldes, die Gravitonen, masselose fundamentale Bosonen mit dem Spin $S = 2$. Der Umstand, daß die Masse des Gravitons — genauso wie die Masse des Photons — gleich Null ist, befindet sich in völliger Übereinstimmung mit der Tatsache, daß das Newtonsche Potential — ähnlich wie das Coulomb-Potential — für große Abstände nur langsam, nämlich wie $1/r$, abklingt.

Einige wichtige Unterschiede zwischen der gravitativen und der elektromagnetischen Wechselwirkung werden dadurch hervorgerufen, daß das Graviton den Spin 2 hat (wir erinnern daran, daß der Spin des Photons gleich Eins ist). Einer dieser Unterschiede besteht darin, daß der Austausch von Gravitonen zwischen zwei beliebigen Teilchen immer zu einer Anziehung dieser Teilchen führt, während der Austausch von Photonen zwischen gleichnamig geladenen Teilchen zu einer Abstoßung und zwischen ungleichnamig geladenen Teilchen zu einer Anziehung führt. Weil die gewöhnliche Materie elektrisch neutral ist (die Ladung der Elektronen schirmt die Kernladung ab), sind die elektrischen Kräfte zwischen den Atomen schwach, sobald ihr Abstand einige Atomradien beträgt. Im Falle der gravitativen Anziehung fehlt jedoch eine derartige Abschirmung der „gravitativen Ladung", weil diese Ladung — die Masse — stets ein und dasselbe Vorzeichen trägt. Es ist deshalb gerade die Gravitation, die die Grundgesetze der Bewegung der Himmelskörper bestimmt. Und das alles folgt daher, weil die Gravitonen keine Vektor-, sondern Tensorteilchen sind (so nennt man Teilchen mit dem Spin Zwei), die ihrerseits keine Vektor-, sondern Tensorströme emittieren und absorbieren. Dieser Tensorstrom ist der Energie-Impuls-Tensor der Materie. Es ist hier keine Gelegenheit, zu erklären, wie dieser Energie-Impuls-Tensor im einzelnen definiert ist und warum der Austausch von Tensorbosonen zu einer Wechselwirkung führt, die quadratisch mit der Energie E der einander stoßenden Teilchen anwächst. Wir erwähnen lediglich, daß die Feynmanschen Vertizes für die Emission und Absorption von Tensorteilchen gegenüber den analogen Vertizes für die Absorption und Emission von Vektorteilchen einen zusätzlichen Faktor E haben müssen.

Wegen der Kleinheit der Newtonschen Konstanten und der Schwachheit der Gravitation bei niederen Energien ist die Beobachtung einzelner Gravitonen eine Aufgabe, die man möglicherweise nur dann erfolgreich bewältigen wird, wenn ein phantastisch intensiver Strahl von Gravitonen mit einer phantastisch hohen Energie vom Himmel kommt und ein unterirdisches Laboratorium durchdringt. Aber Quanten des Gravitationsfeldes nachzuweisen, die unter irdischen Bedingungen erzeugt wurden, das ist praktisch unmöglich.

Auf rein theoretischer Ebene jedoch ist die Analyse der gravitativen Wechselwirkung bei Energien von der Größenordnung der Planckmasse ein Problem, das zwar sehr kompliziert ist, dem sich die Physiker aber doch irgendwann stellen werden. Große Hoffnungen erweckt hier die Supersymmetrie und ihr geistiges Kind, die Supergravitation. Die Idee der Supergravitation ist allerdings zu kompliziert und zu speziell, um sie hier in wenigen Zeilen erläutern zu können.

Auf experimenteller Ebene schließlich erscheint die Lage völlig hoffnungslos, weil es selbstverständlich keinen Beschleuniger geben wird, der Energien von der Größenordnung m_{Pl} auch nur annähernd erreichen könnte. Wie aber sollte man ohne experimentelle Daten entscheiden, welche unter vielen konkurrierenden Theorien richtig ist und welche nicht richtig ist? Die verblüffende Antwort auf diese Frage ist, daß, obwohl es keinen Planckschen Beschleuniger gibt und auch niemals geben wird, uns doch ein „Plancksches Laboratorium" zur Verfügung steht: Dieses Laboratorium ist der frühe Kosmos!

Kosmologie und Astrophysik

Astronomische Beobachtungen führten zu einer Reihe fundamentaler Schlußfolgerungen. Die wichtigsten derselben führen wir nun an:

(1) Entfernte Galaxien entfernen sich von uns, und auch voneinander, mit einer Fluchtgeschwindigkeit v, die um so größer ist, je größer ihr Abstand R ist. Der Proportionalitätsfaktor H zwischen v und R wird Hubble-Konstante genannt. Dieser Faktor verringert sich mit dem Alter des Kosmos. Gegenwärtig beträgt sein Wert

$$H \approx 60\,\mathrm{km/s}\ \text{pro Megaparsec},$$

oder

$$H \approx 18\,\mathrm{km/s}\ \text{pro}\ 10^6\ \text{Lichtjahre (Lj)}.$$

Wie man unschwer erkennt, hat die Größe $1/H$ die Dimension der Zeit; man kann sagen, daß sie das Alter t des Weltalls angibt. Etwas genauer: $t = 1/2H \approx 10^{10}$ Jahre.

Vor etwa 10^{10} Jahren war der Kosmos sehr jung, sehr dicht und sehr heiß; er entstand im Ergebnis des sogenannten Urknalls (engl. *big bang*). Die Theorie des Urknalls stellt eine Verbindung zwischen dem Alter t und der Temperatur T des Kosmos her, die folgendermaßen lautet:

$$t \approx m_{\mathrm{Pl}} c^2 \hbar/(kT)^2;$$

hierbei ist k die Boltzmann-Konstante. Im Grunde genommen ist k der Umrechnungskoeffizient der Temperatureinheit Kelvin (K) in die Energieeinheit: es gilt $1\,\mathrm{K} \approx 10^{-4}\,\mathrm{eV}$, wenn $k = 1$ gesetzt wird. Die Beziehung zwischen dem Alter t des Kosmos, gemessen in Sekunden, zur Temperatur des Kosmos, gemessen in MeV, nimmt dann die einfache Gestalt

$$[t] \approx 1/[T^2]$$

an.

(2) In den ersten Sekunden nach dem Urknall gab es im Kosmos ungeheuer viele harte γ-Quanten. Im Verlaufe der Expansion und Abkühlung des Kosmos wuchs die Wellenlänge dieser Photonen immer mehr an, und ihre Energie nahm immer mehr ab. Heute beobachten wir diese Photonen als langwellige Radiostrahlung mit einer Temperatur von etwa 3 K. Diese kosmische Hintergrundstrahlung wurde 1965 von A. A. Penzias und R. W. Wilson entdeckt; sie ist isotrop und homogen. In jedem Kubikmeter des interstellaren Raumes befinden sich etwa $4 \cdot 10^8$ dieser langwelligen Photonen als Relikt aus der Frühzeit unseres Kosmos. Diese Reliktphotonen sind damit ungefähr eine Milliarde mal häufiger als die Atome des Wasserstoffs, des bei weitem am häufigsten vorkommenden Elements der Materie im Kosmos. (Wenn man in Gedanken alle stellare Materie im gesamten Kosmos gleichmäßig verteilen würde, fände man in einem Kubikmeter gerade ein Wasserstoffatom.)

(3) Außer der Materie der sichtbaren Sterne und den Reliktphotonen befindet sich im Kosmos noch unsichtbare Materie, die man häufig als „Dunkelmaterie" bezeichnet (engl. *dark matter*). Die Gesamtmasse der Dunkelmaterie liegt etwa eine Größenordnung über der Gesamtmasse der sichtbaren Materie. Die Existenz der Dunkelmaterie schließt man aus ihrer Gravitationswirkung auf die Bewegung der Sterne und Galaxien.

Die physikalische Natur dieser unsichtbaren Materie ist bisher noch nicht erforscht. Es gibt eine Hypothese, wonach die Dunkelmaterie aus Reliktneutrinos besteht. Gemäß der Theorie des Urknalls sollte die Konzentration der Reliktneutrinos etwa gleich der Konzentration der Reliktphotonen sein. Vermöge dieser Voraussetzung kann man leicht die folgende Abschätzung durchführen: Wenn die Masse aller Neutrinos die Masse aller Wasserstoffatome etwa um eine Größenordnung übertreffen soll, dann muß die Masse eines Neutrinos ungefähr 20—30 eV sein.

Wenn nun schon die Rede von den Neutrinos im Weltall ist,

dann soll uns nichts daran hindern, auch noch einige andere Aspekte dieses Themas zu streifen. Beispielsweise hängt die Häufigkeit des Heliums im Kosmos sehr empfindlich davon ab, wie groß die Zahl der verschiedenen Neutrinosorten ist. Die beobachtete Häufigkeit des Heliums (im Vergleich zum Wasserstoff) steht recht gut mit der Vermutung im Einklang, daß außer ν_e, ν_μ und ν_τ keine weiteren Sorten von Neutrinos existieren; die Existenz einer vierten Sorte ist allerdings nicht auszuschließen.

Wie wir bereits am Anfang dieses Buches mitteilten (siehe das Kapitel „Schwache und starke Wechselwirkung"), werden Neutrinos von den Sternen als Folge der in ihnen ablaufenden thermonuklearen Reaktionen emittiert. Spezielle unterirdische Apparaturen für den Nachweis solcher Neutrinos, die aus dem Zentralbereich der Sonne kommen (wo die thermonuklearen Reaktionen ablaufen), ergaben, daß der Strom solarer Neutrinos mit einer 10 MeV überschreitenden Energie etwa 3mal kleiner ist, als von den theoretischen Astrophysikern vorausgesagt wurde. Möglicherweise ist es erforderlich, das diesen Berechnungen zugrunde liegende Modell der Sonne zu verbessern. Es ist aber auch möglich, daß sich die die Sonne verlassenden Elektronneutrinos auf ihrem Wege zur Erde in ein Gemisch verschiedener Neutrinos (ν_e, ν_μ, ν_τ) infolge von Neutrinooszillationen umwandeln. Die Neutrinos ν_μ und ν_τ werden von den Detektoren jedoch nicht registriert, wenn ihre Energie die Schwelle zur Erzeugung von Myonen und Tauonen nicht überschreitet.

Kehren wir nun noch einmal von der Sonne zu den ersten Augenblicken im Leben des Kosmos zurück, als seine Temperatur nahe der Planckschen Temperatur ($T_{\mathrm{Pl}} \approx m_{\mathrm{Pl}}c^2/k \approx 10^{19}$ GeV$/k \approx 10^{32}$ K) oder der Temperatur der großen Vereinheitlichung ($T_{\mathrm{GUT}} \approx 10^{28}$ K) war. Gerade in diesen ersten Augenblicken ($t \approx 10^{-43}$ bis 10^{-34} s) wurden die grundlegenden Charakteristika des gegenwärtigen Zustands des Kosmos, wie etwa seine Expansionsgeschwindigkeit, seine Dichte und das Verhältnis der Zahl der Protonen zu der der Photonen, „vorprogrammiert". An dieser „Programmierung" nahmen nicht nur die leichten Fermionen und Bosonen teil, die wir vermöge unserer Beschleuniger erzeugen und untersuchen können, sondern auch die überschweren Giganten vom Typ der X- und Y-Bosonen.

Es erweist sich als immer wahrscheinlicher, daß die Physik der „Planck-Ära" nicht nur die gesamte Physik bei niederen Energien, wie sie unseren irdischen Apparaturen zugänglich ist, sondern auch die ganze Struktur des Weltalls bestimmte.

Lobrede auf die Hochenergiephysik

Für die Physik der Elementarteilchen werden jährlich Dutzende und Hunderte von Millionen Rubel, Dollar, Franken und Mark, Hunderte Milliarden von Lire und Yen ausgegeben. Sind derart horrende Ausgaben gerechtfertigt? Eine der Aufgaben dieses Buches ist es, zu belegen, daß diese Ausgaben mehr als gerechtfertigt sind.

In einem gewissen Sinne erinnern die Aufwendungen für die Hochenergiephysik an jene, die wir unseren Kindern zukommen lassen. Ohne Kinder ist eine Zukunft der Menschheit undenkbar, und ohne Elementarteilchenphysik ist auch die Zukunft der Wissenschaft unvorstellbar. Diesem Gedanken werden wir uns anschließend nochmals zuwenden, aber zunächst werden wir unsere Aufmerksamkeit jenen Beispielen widmen, die erkennen lassen, welche Früchte die Hochenergiephysik schon heute jenen Ländern einbringt, die diesen Zweig der Naturwissenschaft fördern und entwickeln.

Wir beginnen damit, daß die mittels der Beschleuniger erzeugten Teilchenstrahlen selbst vielfältige und immer zahlreicher werdende Anwendungen finden. So werden beispielsweise Protonstrahlen in der Medizin zur Krebsbekämpfung genutzt. Im Unterschied zu den Röntgen- und γ-Strahlen haben die Protonstrahlen eine viel geringere transversale Ausdehnung, d. h., sie sind schärfer gebündelt; viel wichtiger aber ist, daß die Protonen den größten Teil ihrer Energie erst am Ende ihres Weges in vorgegebener Körpertiefe abgeben, so daß die Schädigung des den Tumor umgebenden gesunden Gewebes auf ein Minimum reduziert wird.

Myonen finden breite Anwendung bei der Untersuchung subtiler physikalisch-chemischer Eigenschaften verschiedener Stoffe. Wegen der Nichterhaltung der Parität fliegt das Elektron, das beim Zerfall des Myons entsteht, in Richtung des Spins des Myons davon. In die Spinrichtung weist aber auch das magnetische Moment des Myons. Wegen dieses Zusammenhangs „berichtet“ das wegfliegende Elektron dem Experimentator von der Orientierung des magnetischen Moments des Myons. Folglich erweist sich das Myon als „sprechender magnetischer Miniaturpfeil“, mit dem man die räumliche Verteilung von Magnetfeldern in der Materie, z. B. in einem Kristall, ausmessen kann. Bezüglich seiner chemischen Eigenschaften ähnelt das Myonium-Atom

(μ^+e^-) dem Wasserstoffatom; es kann daher den Wasserstoff in manchen chemischen Verbindungen substituieren. Sein Schicksal ist aber viel leichter zu verfolgen als das des Wasserstoffs.

Eine andere, sehr perspektivreiche Anwendungsmöglichkeit der Myonen ist die myonische Katalyse von Kernsynthese-Reaktionen. Der Durchmesser der Atome myonischen Wasserstoffs (der Atome μ^-p oder μ^-D oder μ^-T — wobei D das Deuteron und T das Triton ist —, in denen das Myon die Rolle des Elektrons e^- übernimmt) ist um den Faktor $m_\mu/m_e \approx 200$ kleiner als der Durchmesser der Atome gewöhnlichen, elektronischen Wasserstoffs (e^-p, e^-D oder e^-T). Dieser Umstand ermöglicht es, neutrale Atome myonischen Wasserstoffs sehr nahe an den Kern benachbarter gewöhnlicher Atome heranzuführen. Somit können zwei Kerne schweren Wasserstoffs, also D oder T, einander sehr nahe gebracht werden; die Coulomb-Abstoßung wird dabei nicht mit Hilfe sehr hoher Temperaturen, sondern vermöge des „Myon-Tricks" überwunden. Das Myon spielt dabei die Rolle eines trojanischen Pferds: Seine negative Ladung schirmt die positive Ladung des schweren Wasserstoffs ab und macht so die Kernverschmelzung $T + D \rightarrow He^4 + n$ bei niedrigen Temperaturen in flüssigem Wasserstoff möglich.

Myonen, die von der kosmischen Strahlung in der Atmosphäre erzeugt werden, nutzte man vor etwa 10 Jahren zum Durchleuchten der ägyptischen Pyramiden. Es gibt auch Projekte, sehr hochenergetische Myonenstrahlen zum Durchleuchten der Erdkruste und zur Aufklärung von Erzlagerstätten heranzuziehen.

Breite Anwendung in Wissenschaft, Medizin, Technik und Landwirtschaft findet die Synchrotronstrahlung, die von hochenergetischen Elektronen bei ihrer beschleunigten Bewegung auf der Kreisbahn von Zirkularbeschleunigern abgestrahlt wird. Hier reicht die Palette der Nutzung von der Strukturanalyse lebender Zellen und der filmischen Verfolgung der Arbeit des erkrankten Herzens bis zur Vernichtung landwirtschaftlicher Schädlinge in großen Getreidelagern.

Der Nachweis von Antineutrinos, die bei den Kernreaktionen im Reaktor der Kernkraftwerke entstehen, ermöglicht eine gegenüber den üblichen Verfahren wesentlich zuverlässigere Beurteilung der Intensität des Kernspaltungsprozesses und damit des Verbrauchs an Kernbrennstoff. In einem Kernkraftwerk ist ein derartiges Gerät bereits in Gebrauch.

Jüngst wurden verschiedene Projekte bekannt, hochenergetische

Neutrinostrahlen zur geologischen Erkundung, z. B. von Erdöllagerstätten, und zur genauen Vermessung der Driftgeschwindigkeit der Kontinente zu benutzen. Die Neutrinoastronomie bietet eine einmalige Möglichkeit, den Gravitationskollaps von Sternen nachzuweisen und ins Innere der Sonne zu schauen. Photonen diffundieren aus dem Zentrum der Sonne erst nach reichlich hunderttausend Jahren bis zur Oberfläche. Neutrinos dagegen verlassen die Sonne praktisch augenblicklich. Mit Hilfe genügend großer Neutrinoteleskope wäre es daher möglich, ständig die Prozesse im Innern der Sonne zu verfolgen und weitreichende Prognosen darauf zu gründen.

Große Hoffnungen setzt man schließlich in die Schwerionenstrahlen. Es wurde vorgeschlagen, derartige Strahlen zur Zündung thermonuklearer Reaktionen mittels Bestrahlung spezieller Tabletten, die Isotope leichter Elemente enthalten, zu nutzen. Solche mit Schwerionen arbeitenden Kernreaktoren könnten die Basis für die Energetik des 21. Jahrhunderts bilden.

Auf unserem Weg durch die Hochenergiephysik haben wir bisher nirgends die zahlreichen wissenschaftlichen und technischen Novitäten erwähnt, die zur Lösung vieler ihrer komplizierten Probleme geschaffen wurden und anschließend eine breite Anwendung in anderen Zweigen der Physik fanden. Die Hochenergiephysik mit ihrer äußerst hohen Präzision, ihren extremen Geschwindigkeiten, Energien und Intensitäten erhebt auch extreme Forderungen an die physikalischen Parameter ihrer Geräte und Anlagen. Sie war jene Wiege, wo die effektivsten Hochleistungs-Vakuumpumpen entwickelt wurden, wo die Massenproduktion großer supraleitender Magnete in Gang gesetzt wurde, wo die vielseitigen, äußerst empfindlichen Detektoren ionisierender Teilchen entstanden, und wo die schnell arbeitende Elektronik ihren Ausgang nahm.

Zu guter Letzt wollen wir uns auch der Grundwerte der Hochenergiephysik entsinnen, die weit über die Aspekte ihrer unmittelbaren Anwendung hinausgehen. Die außergewöhnliche Rolle dieser Wissenschaft leitet sich daraus her, daß sie das Fundament aller Naturerkenntnis bildet. Das Niveau dieser Wissenschaft bestimmt den Grad der Erkenntnis der gesamten uns umgebenden Welt, bestimmt das Niveau der intellektuellen Reife der Menschheit. Ohne Elementarteilchenphysik ist es unmöglich, die Vergangenheit unserer Welt zu erklären, ist es unmöglich, die in ihr ablaufenden fundamentalen Prozesse zu verstehen, und ist es unmöglich, ihre Zukunft zu prognostizieren.

Die Geschichte der Physik lehrt, daß jeder neue erfolgreiche Schritt auf dem Wege der Erkenntnis der fundamentalen Gesetzmäßigkeiten der Natur unweigerlich zur ständig wachsenden (und fast immer unvorhersehbaren) Anwendung dieser Erkenntnisse in der Technik führte und sich nicht selten in radikaler Weise auf das Leben der gesamten Menschheit auswirkte. Es reicht aus, auf jene Konsequenzen hinzuweisen, die so abstrakte Theorien wie die Elektrodynamik, die Relativitätstheorie und die Quantenmechanik für das Leben jedes Einzelnen hatten. Und es gibt absolut keinen Grund zu der Annahme, daß jene Theorien, die heute entstehen, weniger fruchtbringend sein sollten. Im Gegenteil, wissen wir doch, daß sich diese Theorien mit so grundlegenden Begriffen der physikalischen Welt wie Zeit, Raum, Vakuum, Masse, Ladung und Spin beschäftigen. Es ist zu erwarten, daß künftige Untersuchungen völlig unerwartete Aspekte dieser fundamentalen Wesenheiten aufdecken werden. Und obgleich wir heute lediglich Mutmaßungen darüber anstellen können, welches diese Aspekte sind, so ist doch kaum zu bezweifeln, daß die praktischen Folgen dieser Entdeckungen von fundamentaler Bedeutung sein werden.

Einst verglich sich Newton mit einem Knaben, der am Ufer des Ozeans des bislang Unerforschten hier und da einen bunten Kiesel fand. Natürlich wuchs das Gebiet des Erforschten seither gewaltig an, es wäre jedoch kindlicher Hochmut, zu behaupten, daß wir im Grunde genommen bereits alles Wesentliche wüßten und nur ein paar unbedeutende Details dem Forscherdrang verbleiben würden. Das ganze Gegenteil dürfte zutreffen. Man versuche sich selbst nur einmal vorzustellen, was wir heute alles nicht wüßten, wenn, sagen wir, 1950 oder gar erst 1970, die Entwicklung der Elementarteilchenphysik abgebrochen worden wäre. Tatsächlich, acht von sechzehn fundamentalen Fermionen und Bosonen — das c-, b- und t-Quark, das Tauon und sein Neutrino, die Gluonen und die intermediären Bosonen — wurden nach 1970 entdeckt!

Der Ozean des Unbekannten erstreckt sich auch heute noch vor der Menschheit. Die Physiker erwartet auch künftig die Entdeckung neuer Teilchen, neuer Kräfte und neuer fundamentaler Prinzipien.

Sachverzeichnis

FSC
www.fsc.org
MIX
Papier | Fördert gute Waldnutzung
FSC® C083411

Kolibri 360 GmbH
Ferdinand-Jühlke-Straße 7
99095 Erfurt, Deutschland
produktsicherheit@kolibri360.de